影偈

Digital Images in Illustration of
Simile & Metaphor.

顧理

1952年10月3日生於台北市

學歷

1993-1995 美國紐約普瑞特藝術設計學院傳達設計碩士
1980-1985 台灣師範大學美術系設計組畢業
1972-1975 台灣藝術專科學校美術科畢業

經歷

1996-1997 國立雲林技術學院視覺傳達設計系專任講師
1995-1996 世界新聞傳播學院公共傳播學系專任講師
1990-1992 輔仁大學應用美術學系技藝教師
1984-1989 輔仁大學應用美術學系創系助教

現任

1997-迄今 國立雲林科技大學視覺傳達設計系專任講師

展覽

1987 中華民國青年藝術家特展(美國夏威夷東西文化中心)
1987 中華民國當代繪畫展(漢城國立現代美術館)
1988 中華民國當代藝術創作展(美國加州聖荷西埃及博物館)
1988 中韓當代水墨畫展(韓國漢城文化振興院)
1990 海峽兩岸藝術家聯展(美國紐約林肯中心庫克藝廊)
1995 普瑞特學院學位作品發表(美國紐約普瑞特學院)
1996 國立雲林技術學院校慶教授聯展(國立雲林技術學院)
2000 國立雲林科技大學千禧年名家聯展(國立雲林科技大學)
2001 顧理數位影像作品個展(國立雲林科技大學)

自序

《影偈》是個人自接觸藝事以來首次出版的冊子，歷經了幼年塗鴉、青年習藝、中年教書的長久歲月，委實對世事與藝事有了些許體會多了些許關切。這本冊子收錄了個人近年來的體悟身影、人文思惟、教學心得、世事關照、前瞻預見、行腳足跡、影像攝獵與數位媒介的運用。著手醞釀這本書的時候，曾經預期它不是純粹的文字書，也不是純粹的圖片集。它可以是圖文書，可以是數位影像的教科書，可以用作探討影像傳達可能的案例，可以用作攝影與數位處理關係聯結的實體。

這本冊子是個人在大學任教多年的產物，因而除了呈現個人的創見之外，不能免俗的是文以載道的思惟。希望能在雅俗共賞的可能中，達到怡情遺性、文化省思、洞悉世事與解壓疏困的多重功能。冊子出版的時空在後現代之後的社會，思惟與物像走的是平行併進的方式，語彙採取多樣複合的形式，為的是使文字與圖像呈現更具一致性。在這裡有許多個人的創意嘗試，不成熟的地方還希望各方賢達先進能予指正。冊子得以出版，要特別感謝國立雲林科技大學設計學院陳俊宏院長的關切，同時感謝雲科大視傳系同事好友們及歷年無數學生的期許，更要感謝揚智文化公司的協助出版。最後僅以此書的付梓向我的母親致敬。

2002年7月

創作理念

人類文明前行越久，造就的福祉越多，相對延伸出的問題與弊病也日益增加。在這樣的一團渾沌之中，從事改良人類生活的設計師與文化傳遞的工作者，理應具備更為敏銳的觸角，對世人提出建言與呼籲，幫助人們走向有所選擇的康莊。觀乎今日的資訊發展與知識延伸，幾乎日益超脫了單一課題的簡單，而往繁複多線的連結性呈現。對於世間事物的理解，除了抽絲剝繭式的解析，也應該有更為多角度的環顧，這樣才不失對事理全面性的認知。

影像資訊的傳遞，也從單一觀點邁向多元取向的步調靠近。影像資訊在時間性的傳遞上呈現了多視屏多角度的形式，相對的在二度空間的傳遞上，也開啓了多元同時的可能性。時值二十一世紀初，人類生活邁入一個嶄新的時空，生活環境丕變，生活經驗趨豐，生活視野寬宏。視覺經驗的吸收、傳遞、轉換與認知迥然不同於以往。加以電腦科技的長足進展與生命科技的懸密解析，在在宣示了新世紀新經驗的快速消長。電腦數位影像的傳達功能，正進入一種擺脫冷冽物化的新歷程中。資訊傳達的精準度，被置入傳達與接收的雙向背景與更多元複雜的人文思惟。影像資訊的語彙經由符碼、形塊、色澤、肌理的交疊錯置，產生出前所未見的張力，影像傳達的周嚴課題已然從容進入深刻省思的領域。

長久以來，作者一直以一種寬廣的角度，進行對世界的認知與思考。因此，大從宇宙的幻變現象，小到基因的結構方式，外從繁華絢麗的表象，內至心理隱匿的幽微，都引發了作者瞭解的興趣，也因此才有認知的契機與行動，進而催生了轉化成視覺作品的結果。《大千世界篇》與《九方觀照篇》為作者因應新時代視覺接收內容，所做的探索與努力。

《大千世界篇》計含繽紛、情慾、基因、都會、視幻與行腳六個系列，《九方觀照篇》計含華夏、樂音、窗格、靈長、漢唐與人性六個系列。《大千世界篇》為作者對物理世界、心理世界及微生世界的全面觀察，藉由電腦科技之利便，將所見所思以

二度空間的形式複合呈現。期使影像傳達進入更為豐富開闊的境域。《九方觀照篇》為作者就設定之主題，攝取或選取影像並結合符號之寓意，將其放入既定的結構模式之中，營造出一種揉和具象與代碼複合形式之風格影像。

大千世界所取材的範圍，乃指生活中因物件、內容或心境的不同，所產生左右受者接收及解讀的共適性的研究，尤其著重受者本體因喜好的不同所產生的差異的試煉。因此，每張作品都賦予個別獨立的生命，又都彼此緊密牽繫著。九方觀照的取材，則取中國的大數《九》，另合以《方圓》，期使成其規矩並致圓滿之意。強調作者的人文思惟中對人、事、物的觀照與了悟。

大千世界在自然世界的呈現上，採用高飽合度鮮豔多變之色彩鋪陳，多層圖像重疊併置。製造形式、色彩相互交融，又擠壓膨漲出強烈張力。時而採行意造光影豐富色彩、景緻的面相。期使觀者接收到的視覺印象，有時空交錯、表裡平行、絢麗幻化等並含持續延伸之影像世界。在心理世界的呈現上，多數採行色彩、形式混合匯流，以半具象方式呈現狀態之微妙變化。由對比與近接的色塊，相互起伏動盪激化，碰撞靜逸與沈穩之造形，凸顯內心世界的波濤。在微生世界的呈現上，則採用多層圖層重疊複製，加以特殊效果濾鏡的應用，營造基因結構相近又互異其趣的生態現象。在意造世界的呈現上，則採用基本圖像為底，施以其它配合變化之局部圖形，作特效處理，再結合成迷離幻炫之視覺效果，突破傳統影像之侷限，營造數位影像獨特風情。在行旅世界的影像呈現上，則大幅採用中國山水畫移動視點的概念，用高遠、平遠、深遠交錯結合圖層的方式，使視覺空間在同時性上呈現異於以往單點單向的視野。

九方觀照在文化的省思與觀照上，涵蓋傳統文化的儀禮、初民的生活內容、靈長類長程演化的共通過程、以及文明更迭變化延生的共通性。並述及異國風情的音律、微觀寰宇的了悟、階段文明的特色、民俗崇尚的體現、人性在文化影響下的壓抑與更張。糾合人性、文化、傳統、思惟、感受於一體，以化繁為簡的影像語彙結合六書用法之符號，鋪陳電視屏幕式的影像畫面。使影像與符號、結構與意涵相互幫襯輔佐呈現獨特之風格影像。

學理基礎

大千世界系列在結構方法上採用自然有機法則，在整幅作品中，讓自然力作用出物質本質性的波動。形式與形式的擠壓形成膨脹與收縮係數的消長，反應在實體形式上，是視覺性的可能延伸。大千世界系列作品，採用大小形式反覆擠壓造成視覺量能的大小波動，週而復始重複擠壓，波動量能反覆釋放，產生圖像裡氣韻之流動。

九方觀照系列是以影像的組合，置入九宮格的基本佈局之中，藉由九宮格的佈局，完成切割、複製、重組、延生、反復、變化、併合等過程。將影像原本的單一形式與內容施加符號，形成複合式結構與多重凝聚傳遞的中心訊息，使欲傳達之主題呈現形、意俱實無限思惟的空間。

在符碼的使用方面，所思索的是將極簡造型的圓點，還原回復到傳統漢字的六書造字法則之中。再取其神髓綜合運用，並賦予時空的寓意，用於新世紀的影像。一則連結文化上抽象思惟具象化的學理，二則增強單獨影像傳遞的疏漏欠缺與未臻周嚴。是作者久思影像的內蘊與文化的外爍，所採行的一種創作理念。除卻涵蓋字形上的形、音、意外，尚包含嗅、觸、冥思、心觀、參悟、本覺各種了悟，藉體還形于其中。使影像資訊不再只停留在視覺官能的刺激上，同時具備文化省思與連結意涵之功能。關於符碼的使用，採行六書本質再現，並融合自悟創見，強化新影像訴求的方法。原理可遠溯至古漢書造字六法的構造規則，依循之法可參見許慎《說文解字·敘》之敘述如下：

指事：*視而可識，察而可見。（上下）*

象形：*畫成其物，隨體詰詘。（日月）*

形聲：*以事為名，取譬相成。（江河）*

會意：*比類合誼，以見指為。（武信）*

轉注：*建類一首，同意相受。（考老）*

假借：*本無其字，依聲托事。（令長）*

在《兩合》作品之中，即是以九宮格的基本佈局方式，加以色彩區隔畫面為凹凸兩個部份，造就陰陽的另一種形式，併合九陽下的米穀滋長生氣，此時，符碼是一種客觀實體的摹擬，是取自天象的象形方式寓意其中。《祈福》採擷了祭祀儀禮中，香火的意象，以象形與會意的方式構築顯示。《三事》乃採形、色轉注會意表其寓意。

《陰陽》用互補色的對置，營造兩對近似又相斥的元素，屬比類合誼的會意式呈現。《窗外》影像本身已屬複合，讀取有其內蘊之處，未採符碼之象徵，有其必然。《面相》屬借物喻物之作，用遮層疊色的表達，符碼使成為虛出之釘口，有假借會意之實質。《飄香》在九宮之內加以再次框註，凝聚視覺重心，符碼則轉注為嗅感的意象，使影像資訊的官能與意能有合一的出路。《吉慶》陳述喧嘩的氛圍，抽離符碼的訊息，只剩二度空間的描摹，符碼在此時發揮其指事與形聲的功能，意造影像的豐富度。《唐風》藉多樣的形色，並置佈列，讓符碼轉注指事文化的時尚。

《四方迴想》藉單純的形色，佈列方向與位置，讓符碼轉注指事思惟的轉折取向。《崎嶇來時路》用大對角的分割喻事今往兩界，再用符碼三事連結作品。三事符碼意象轉注會意而成。《文明壓力》再次使用圖像倒置的方式，結合符碼營造壓迫的形式。《觀想》中符碼轉化為指事會意的象徵。《思惟結構》充分引用影像中形式本身的張力，結合符碼指事會意的功能，聚焦在其上。《爵士》與《拉丁》採對位連作的方法，自成系列中的兩幅，用色彩呈現時間藝術的可能，符碼頓時轉換成強化轉注形聲的關鍵形式。《壓抑》在構圖區隔散置的形式下，符碼轉注假借成文化禁忌的代碼。《道》變換符碼的色澤，指事會意形式本質的更迭與恆常。《異言》，以指事手法傳遞陳述事實過程中不變的部份。《慾國》之影像色彩形式舖陳出完整的內容，符碼指事象形聚斂內在的本質。

內容形式

《大千世界篇》計含繽紛、情慾、基因、都會、視幻與行腳六個系列，《九方觀照篇》計含華夏、樂音、窗格、靈長、漢唐與人性六個系列。《大千世界篇》二十五幅作品採多圖層單一構圖法之形式進行製作。《九方觀照篇》二十幅作品採九宮格複合式構圖法之形式進行製作。《大千世界篇》之作品在圖層的選用上採用全圖與全圖之結合、全圖與部份圖像結合、圖像與圖像反復結合及全圖與部份圖像移植再造結合等數種形式。《九方觀照篇》則根據設定之主題，採用全圖、切割重組、重復切割、切割移位、置入變形等方式進行構圖，再配合寓意所需置入符碼，其具體意涵內容如下：

大千世界篇—繽紛系列：繽紛—陽光斑斕映照柵欄，留下葉影花芬洋溢氛喧的盛夏花園。陋巷—都會宅舍的深處，總有幽暗不見天光之處，偶而一縷乍現之光束投入，激起一波春華。繁華若夢—朱門豪宅盛事過盡，也不過是南柯一夢。樹之頌—見花不見葉，見林不見樹，乃世人之常情，卻不知單株聳立亦有其獨特的丰采。秋之憶—涼意上了心頭，綠意下了牆面，落盡繁華前的殘紅總有一份難捨的依依。線之語—橫與豎的對仗，交匯出各自的語彙。

大千世界篇—基因系列：綿密基因—表層組織的細緻，源自原生單位的緊密連結。璀璨基因—表層視效的繁華，來自原生單位的奇巧結合。絨螢基因—表層光澤的閃動，由於原生單位的特定編組。

大千世界篇—都會系列：科技華廈—舞動著人類智慧靈光的冰冷構造。火炙華廈—崩塌毀滅前的悶燒。冰封華廈—解體後產生的冰冷意像。驚爆紅樓—人類的建構毀於人類的破敗。

大千世界篇—情慾系列：樸朔迷離之情慾—相互吸引又互為表裡，遮掩彰顯兩迷濛。激情澎湃之情慾—兩情繾綣，天雷地火的激盪。冷冽淒迷之情慾—纏綿悱惻欲去還留。

大千世界篇—視幻系列：炫—極度舞弄一種形式的表象。北國—意境之營造呈現非真實的真實。激越兩界—寰宇之中能量的釋放與衝撞。魅—在動盪與幽微之間產生無限遐思。

大千世界篇—行腳系列：風華—江南庭園與屋宇的萬種風情。柱林—文明記錄的多元視點。寒鷗—冷眼看盡人世的滄桑。神殿—尼羅河中游神祇的故鄉。凍港—百年難見的冰凍港口形似極圈風光。

九方觀照篇—華夏系列：兩合—陰陽兩合，萬物滋長，五穀豐收，安居樂業。祈福—乎民重食，亙古不變，遠古之儀禮，今日之科技，莫不以此為基本需求之出發。陰陽—兩元的世界，有兩方的對應與比較，有互補與互輔，成就了一雙相對應的因素。三事—紅事、白事、黑事構築了生活中大數的情節，主宰了人世間的喜怒哀樂。

九方觀照篇—窗格系列：窗外—九方的極簡即是通過窗格的外顧，夏日午後與午夜的複合在外界閃現。面相—萬事萬物的彰顯、隱逸、變化、轉現，掌握在深刻的洞察之中。飄香—清淨淡雅的飄送，帶來夏日炙烈中的幽芳。

九方觀照篇—漢唐系列：吉慶—張燈結綵鞭炮喧譁，婚宴、喜壽、添丁、啓厝，諸事大吉。唐風—多彩的時代，幻變的形式，無垠的疆域，壯闊的氣勢，自由奔放跨越歷史與地域的風華。四方迴想—由方位出發的觀想。

九方觀照篇—靈長系列：崎嶇來時路—靈長類的發展有悠遠漫長的前途，這是一個新的轉捩，新生、再起、滅絕在選擇與判斷之間。文明壓力—靈長類的經驗累積是一種福份也是一種沉苛，坐享福蔭亦思綿延福德。觀想—自在源自深刻的內省與外觀。思惟結構—縱橫骨幹的支撐與跳躍靈巧的浮遊成就了開創的靈魂。

九方觀照篇—樂音系列：爵士—慵懶疏散的符號釋放出靈魂的馳騁。拉丁—激越濃郁的跳動在血液中澎湃而起。

九方觀照篇—人性系列：壓抑—外爍與內聚的掙扎在文明的過渡中困惑著多數的心靈。道—面具下相同的事理吹出了不同的調，智慧在教會、社會、學會中撥弄著知識。異言—不同的事理在不同的時空中出現，真邪的本質讓後續的發展決定。慾國—不同的努力追逐，來自個體內部的欲求。

方法技巧

《大千世界篇》與《九方觀照篇》的任何單一作品在製作之初，所考慮的是思惟的嚴謹與形式的妥貼交融。在圖像的選用上，所思考的是圖像本身的影像意義、圖樣的結構、圖像的色彩分佈、圖像畫素的豐富與細緻問題，以及與其它圖像的連結性與系列性的問題。

《大千世界篇》所用圖像部份，延伸自二十餘年來，作者行腳遍佈的歐、亞、非、美、大陸、台灣各處之取材，源自自然的高山、低地、森林、海岩、人物、走獸、花叢、藤苔、酷雪、寒冰、炙日、皎月、流雲、暢水、怪根、奇石、礦脈、土紋等全數為自攝版權之圖像，源自人造物如建築、器皿、生活雜物者，也盡其所能採用特定巧思之觀景方法攝製成形。在全盤主題系列思考規範下，選用適當及適量之圖像作數位化之處理。《九方觀照篇》之圖像部份除卻上述方式外，更依照主題系列內容的個別需要，進行特定圖像之拍攝，以明確掌握主題意象傳遞的精確性。

自攝圖像資料掃入電腦轉換成數位影像資料後，初始之工作是將圖像資料置入 Photoshop or Painter 之類的影像處理軟體，將其清理潔淨，以避免造成圖層結合時不必要之誤差，首要之處即放大至圖像資料本身 300% 以上之倍數，確實清除非色階呈現必須之像素。其次，是將圖像資料作圖層與圖層拼合與重疊的試驗，直至結合的效果與傳達的意義或情境妥貼適切。

《大千世界篇》在作品成形時，所使用之方法為整幅畫面單一結構法。此篇內的所有作品，皆經由若干圖層重疊而成，每一圖層皆經過適度的裁切拼合達到符合整幅畫面結構的一致，再經由改色的潤飾處理以符合上下圖層運算結果的完美，部份圖片採用必要的視效濾鏡來達成傳達的目的。

《九方觀照篇》在製作之初，皆針對呈現主題之內容，搜尋自有版權圖庫中可資利用之圖檔，不足之處則採用即時拍攝方式獲得基本圖像。再根據主題意涵置入九宮格之格式中，因應呈現內容之本質，作切割、遮色、改色、疊層、拼組反復的處理。部分作品有二元觀點的切入，採行大對角切割構圖與九宮格並陳方式，再將強調訴求之重點，以符碼方式置入構圖，符碼採用單一形式多重變化之方法，配合主題之內容做位置、色彩、組合方式的變化。將傳達內容建立在接收者可能認知的範疇之上，連結事理的陳述與文化的省思，使接收過程從被動單一晉層到雙向迴流。

目次

壹

大千世界

繽紛系列—繽紛

70cm*100cm NOV,2000.

陽光斑斕映照柵欄，留下葉影花芬洋溢喧鬧的盛夏花園。

亞熱帶海島型的環境，夏天總有著奼紫嫣紅青翠蒼鬱的身影。正值造物者撥弄彩筆盡性揮灑，幻化凡間風弄影舞的豐姿。人類視網膜上，反映出層層疊疊的色光影物瞬間千變，時間流動的過程，拜科技發展之賜，壓縮成單一複合的影像，取意造境摘色鋪影，採用了十餘張林木、花草、欄柵、籬竿，移植再造凝聚成飽滿畫意結構的影像。

繽紛系列—陋巷

70cm*100cm NOV,2000.

都會宅舍的深處，總有幽暗不見天光之處，偶而一縷乍現之光束投入，激起一波春華。

水泥叢林的低地，鄉野孤道的末梢，巷弄胡同的死角，最常見人世間的悲喜。更替上演的戲碼，有老舊有重複，有畸情有殊奇。縱有萬般光怪陸離，總會有幽微誨澀中的清明。人性曙光如同一縷乍現的春光，照射在蔓爬的藤蕨之上。見景思情以景喻物，不是水墨文人的專門，是數位影像的大路。

繽紛系列—繁華若夢

70cm*100cm DEC,2000.

朱門豪宅盛事過盡，也不過是南柯一夢。

盛開的華麗爭出籬欄框架，舞動靈魂中的精彩。興盡意昂飛天遁地穿梭遊逸，進出無人率性激越。荳芽攀爬到音程的高階線，鐘擺震盪到左右的終極點，生命在剎那找到了極至。隨之而來的是下坡危堐，門前稀疏燈光暗淡掌聲零散，不是人情炎涼是生活週期。大量的黑流洩出墨韻的孕蘊，交織留白與賦彩式的蒙太奇，數位影像自然擁抱東方人文。

繽紛系列—樹之頌

70cm*100cm JAN,2001.

見花不見葉，見林不見樹，乃世人之常情，卻不知單株聳立亦有其獨特的丰采。

見小不見大是種常見，見多不見顯是另一種常見。大隱於市不喧不嘩不見於世，紛雜麻紊亂色散光惑迷眾生。是山非山還是山，善不同同不善終其善；又豈在一時一刻，埋於飛華之後有若智若賢待大見。測世人惟造物，頓悟漸悟如觀物，疊架構築反掌之易，托影容之說由其衷。

繽紛系列—秋之憶

70cm*100cm JAN,2001.

涼意上了心頭，綠意下了牆面，落盡繁華前的殘紅總有一份難捨的依依。

四季分明的緯度，有四季不同的交響。泛黃的詩篇騷人的愁緒在發酵，綠色轉眼退了流行，大紅大黃只是片刻的驚喜。漸漸的，土黃褐灰罩滿了周遭，快速的消長、起落、攀爬、翻跌，在大地急遽上演。捕捉那秋霜前的最後一抹殘紅，堆砌起參季的戀歌，總有太多的悠悠，這時候豐富的意像是抒情的好體裁。

繽紛系列—線之語

70cm*100cm JAN,2001.

橫與豎的對仗，交匯出各自的語彙。

人工的物影、數位的秩序、光線的痕跡在新世紀的時空裡，用平行與交錯、顯隱與堆疊交談構築起另一種思惟。粗細的變化、角度的流轉、色澤的滲融成就其語彙的多樣面貌，有彬彬有狂野，流洩出撥弄點間乾坤的神機。幾何形式構築簡單造形，再造人為意象，數位的特色猶在傳統本位的慣性上塗抹添彩。

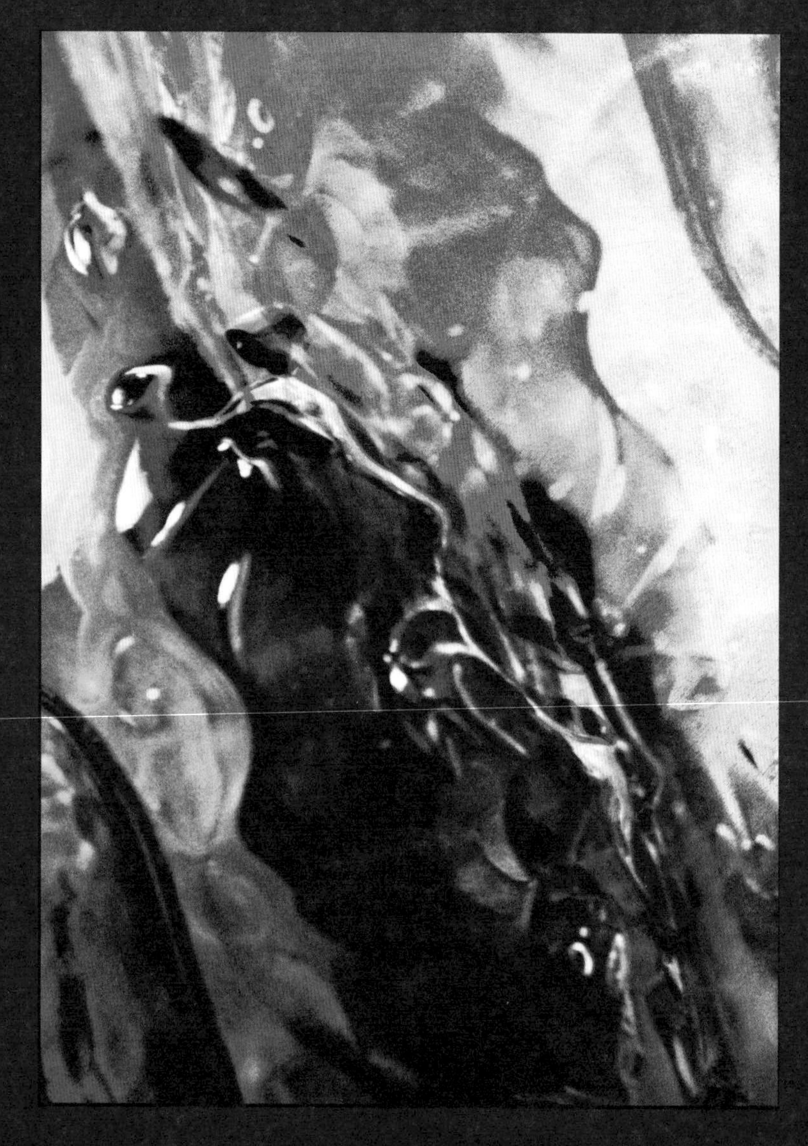

情慾系列—激情澎湃之情慾

70cm*100cm MAY,2001.

兩情繾綣，天雷地火的激盪。

兩元熔鍊碰撞激盪出焚灼的火光，發生與開展都是濃郁醉人的催化。兩相對應的契合譜出沒有休止符的樂章，在激越交媾中失去個體，在濃情密意中忘卻世界。互補的激化相輔的膨脹在赤黃藍靛的對仗中。裸裎不是情慾寫真的必然，影像的呈現是概念意境的結果。

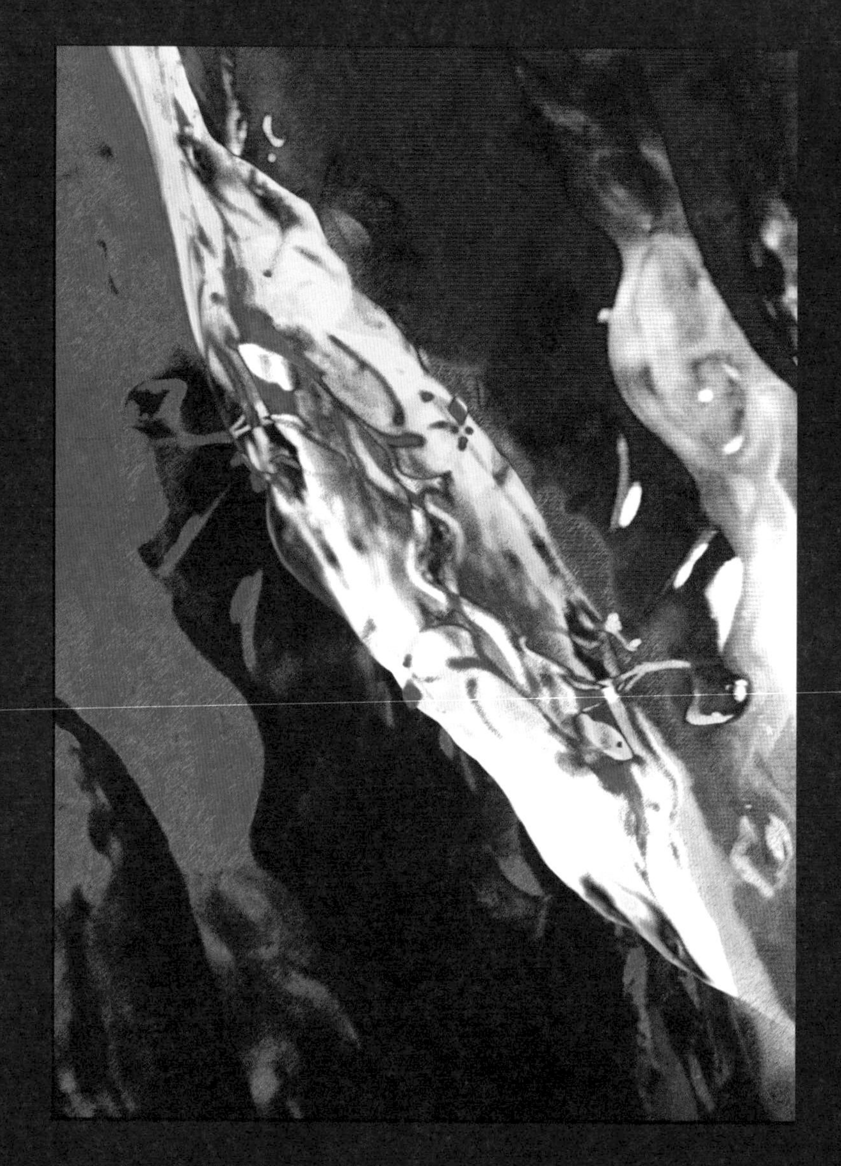

情慾系列—樸朔迷離之情慾

70cm*100cm MAY,2001.

相互吸引又互為表裡，遮掩彰顯兩迷濛。

容貌身影舉措談吐飄動牽掛的迷幻，淺淺一顰柔腸寸斷，深深一笑勾魂攝魄。有形氣味體態無形質韻丰采，動心無謂原由道理，迷戀不談是非黑白。渦漩泥沼流沙自溺不覺，荊棘薔刺薊草自甘其樂。可為日月可為魚水，在天比翼在地雙棲。宇宙輪轉如斯，外象變化如斯。糾纏交結在時空的盡處，無怨無悔在外觀的懵懂。

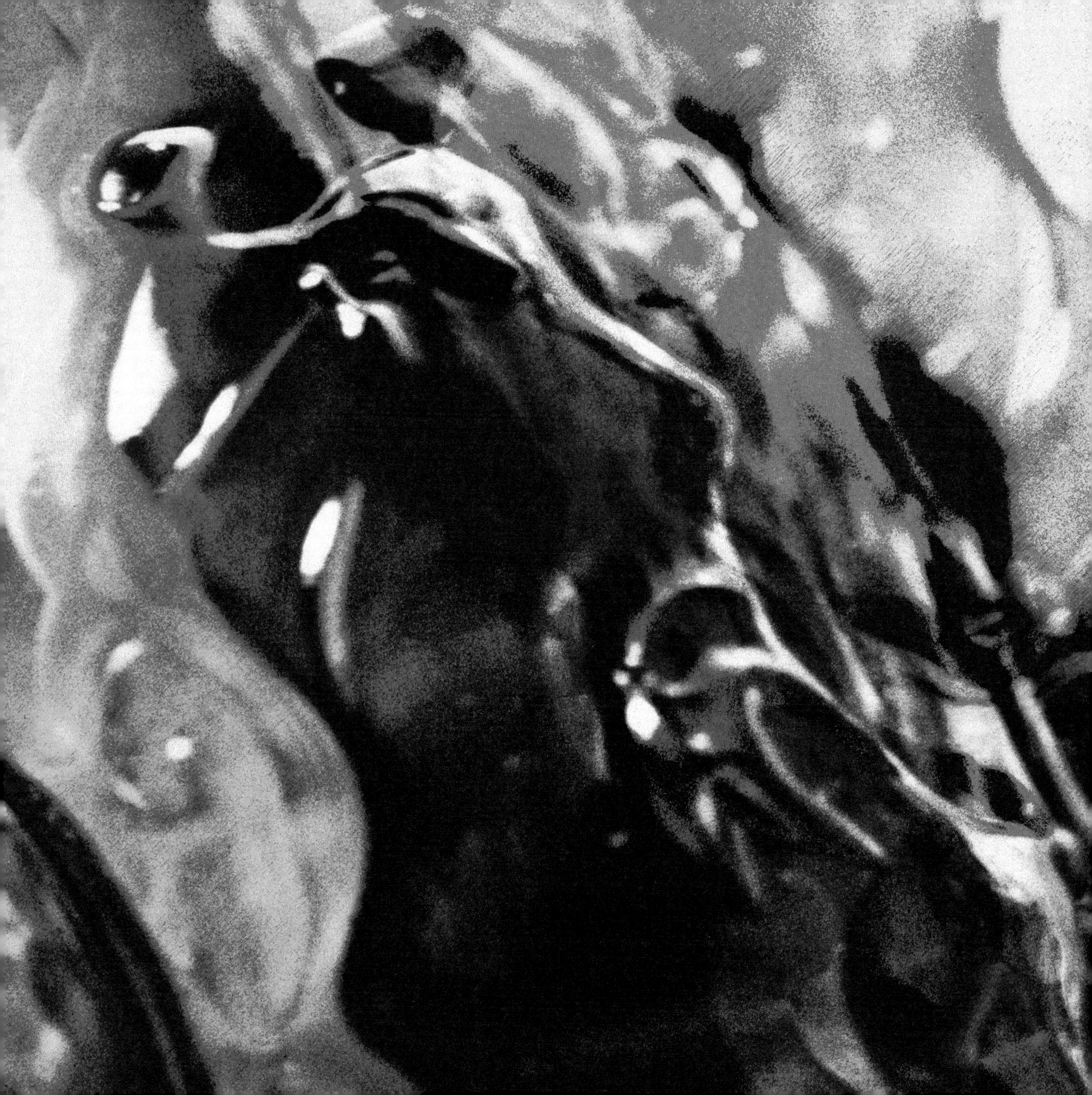

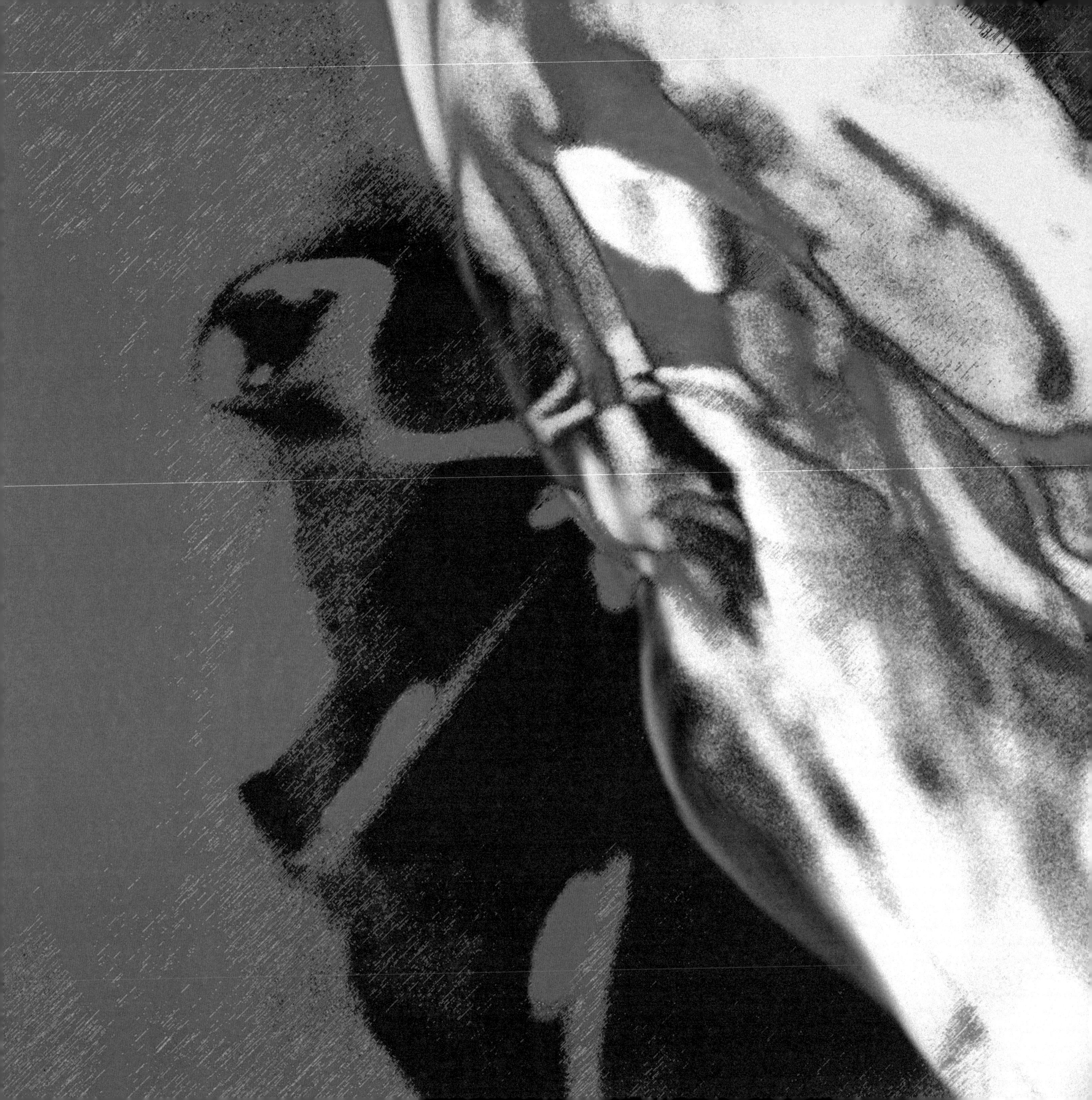

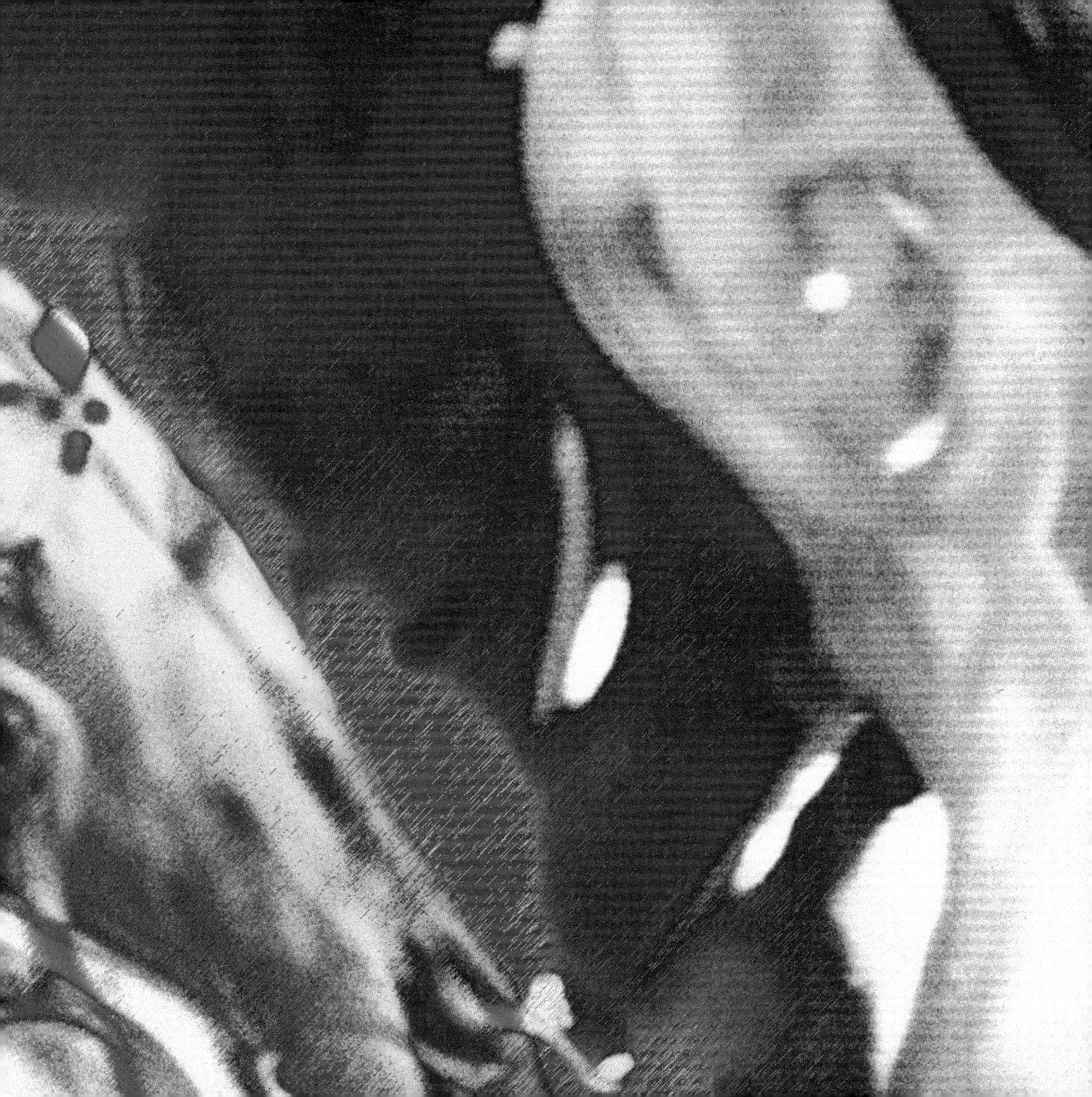

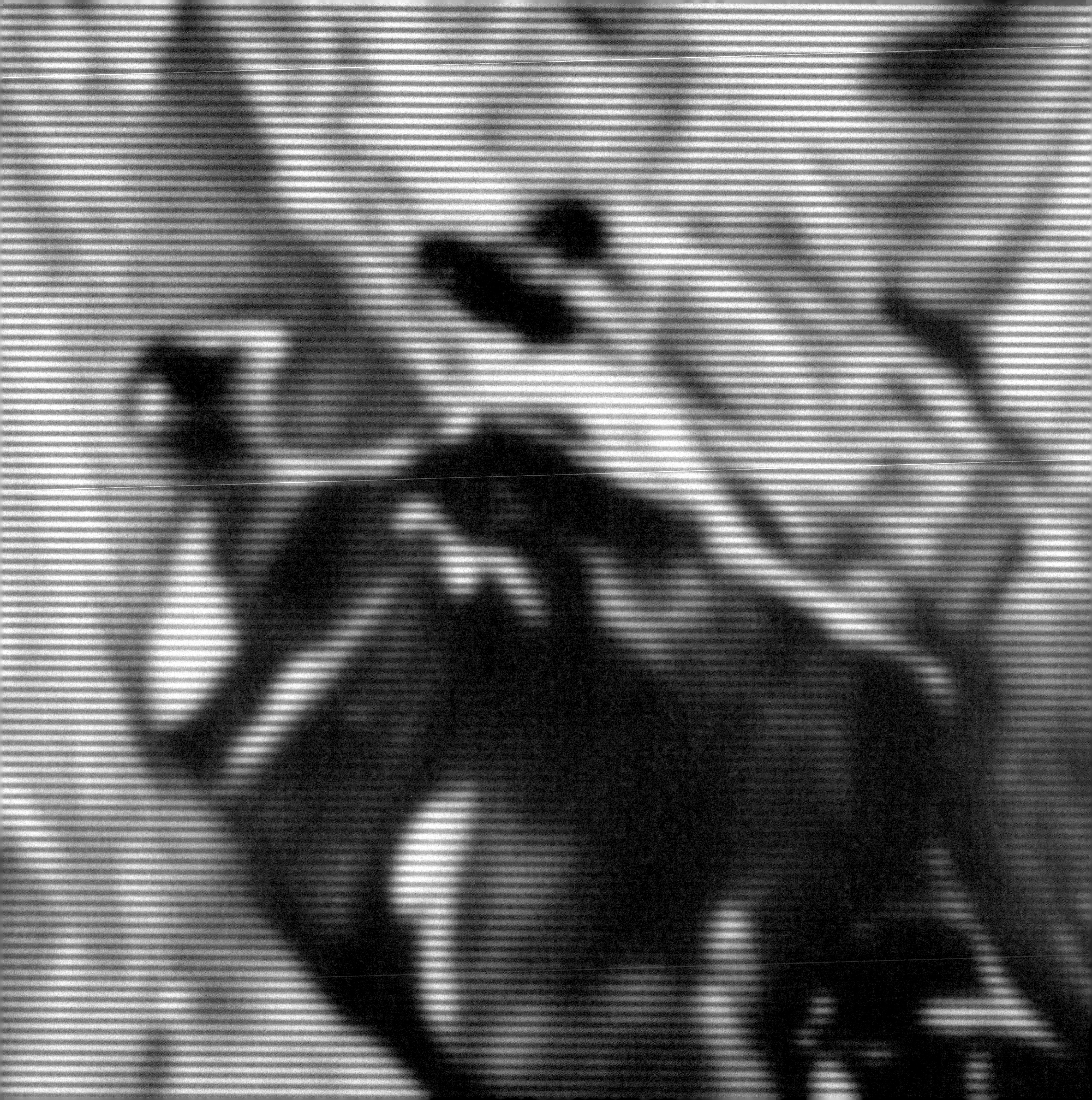

情慾系列—冷冽淒迷之情慾

70cm*100cm MAY,2001.

纏綿悱惻欲去還留。

三步一迴五步一轉心猿矛盾，情漾總在分解難題中。人倫財帛時空文化總是橫梗作祟，背景性向經歷視野還在雪上加霜。鍾情迷惑片刻的初夢乍醒之際，有去留之間的躑躅不安。莫回首再回顧的悠悠忽忽，有牽腸掛肚的不振萎靡。在冷卻中理出清明，在清明中失去繾綣。知性感性的交戰在冰點見到了端倪。

視幻系列—炫

70cm*100cm APR,2001.

極度舞弄一種形式的表象。

扭轉、抖動、高拋、低旋、揮灑、聚散在極致中的極致，伸張誇耀的斗篷舞弄出刺眼的光輝，優雅的八爪頓時成為鬥牛士的紅巾。圖騰在節奏呼喚裡成為花筒中的寶相，四十度高溫下的日暈忽而又是西沉的火紅巨輪。在對比、轉換、壓縮、擴散中沒有固定的位置，卻有無盡的現象，持續凝聚呈現著紛擾之惑。

視幻系列—北國

70cm*100cm APR,2001.

意境之營造呈現非真實的真實。

大片銀白的遮蓋，飄送著冷冽低迴的寒氣。憑藉裸露的局部推敲具體的原貌，許多故事更多瑕疵填補了認知。氤氳在輪廓的接軌處拋出了迷濛與晶閃，清冷的對照與沉澱的心思不時孕育著前瞻。無數的睿智在這樣的緯度中劃過時空留下身影，述說著人間悲喜。

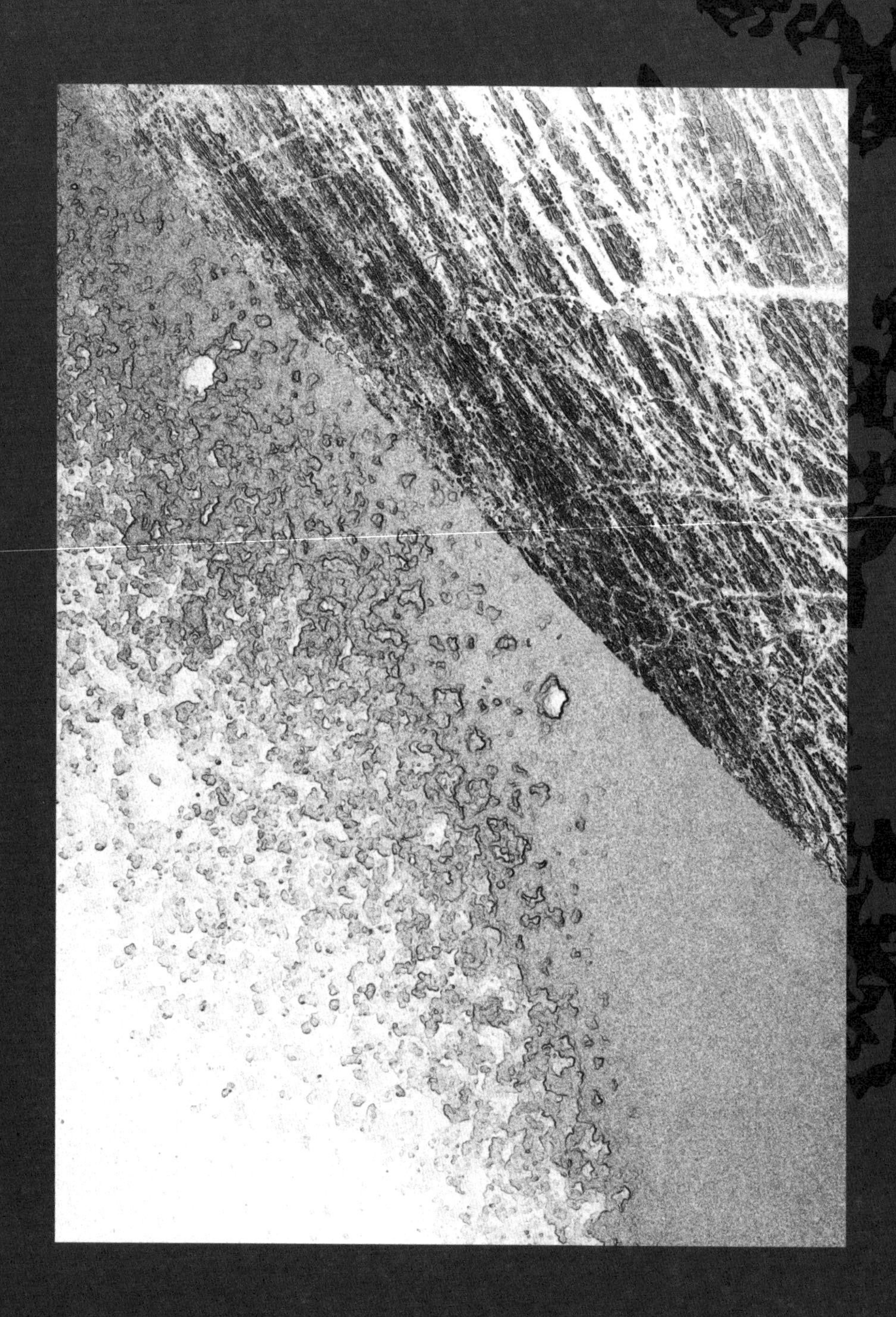

視幻系列—激越兩界

70cm*100cm APR,2001.

寰宇之中能量的釋放與衝撞。

流星雨向星球直飛而去，冰河漂浮過火山的隘口，夯盾橫陳在急速飛矛的出路，信管紅紅走到火藥的臨界。動靜交鋒兩極對仗在千鈞一刻。核彈蕈雲衝過了臭氧開口，能量釋放偏行了實驗預估，宇宙間的原生運動觸碰著人類科技的必然，可知與不可知形成另一種界面。

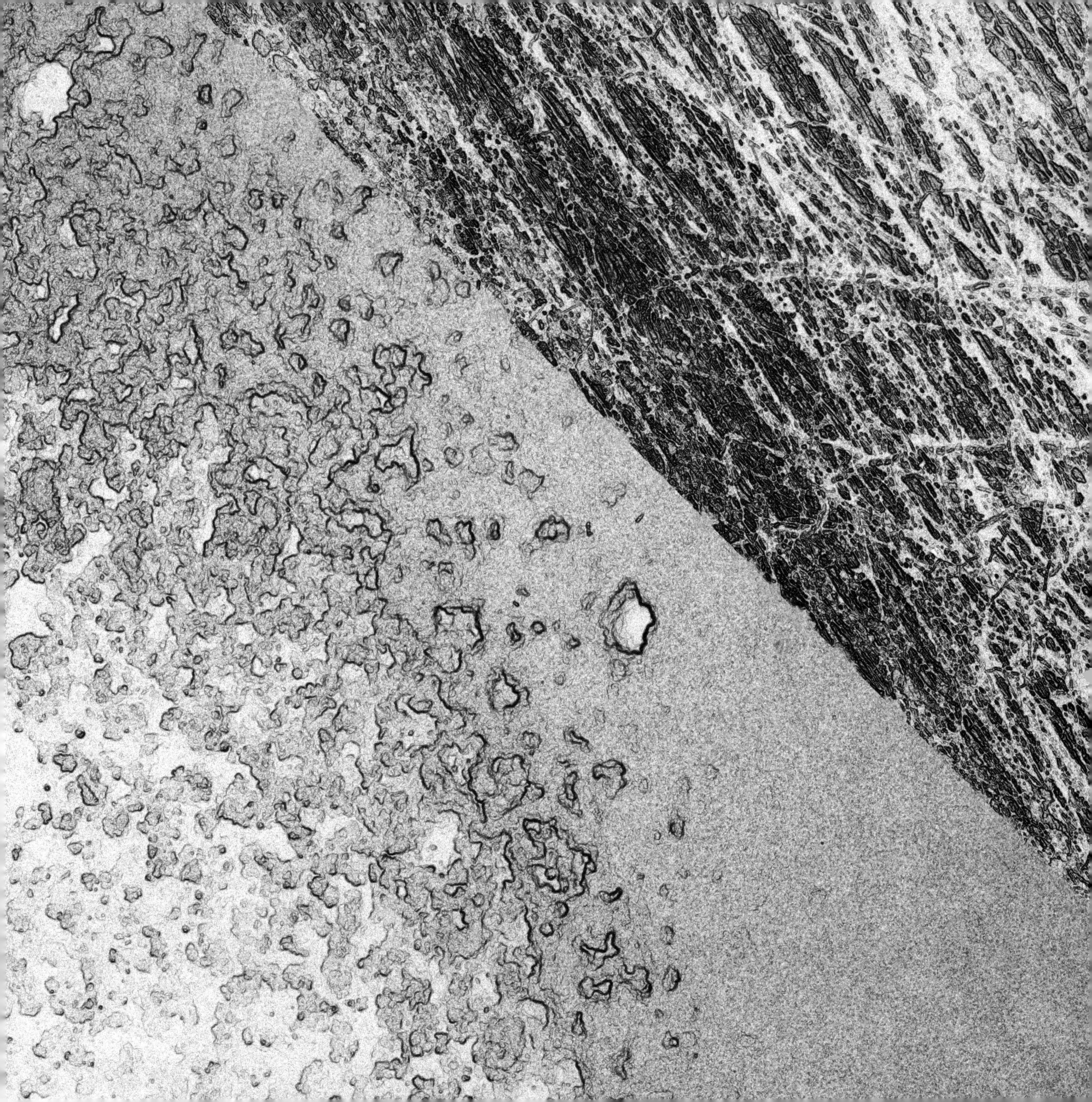

視幻系列—魅

70cm*100cm APR,2001.

在動盪與幽微之間產生無限遐思。

蛻變在陰鬱與明快中跳著精靈的舞步。時而緊懸時而鬆隕，心情與心緒的波動，糾結著不協調的喜悅。眼見心見與意見在心因的架構下真假難辨、實偽不分。如蠱如毒如蜜如糖，心癢目眩愛不釋懷，目不轉睛全神貫注在這樣的對象，怦然而不自知。

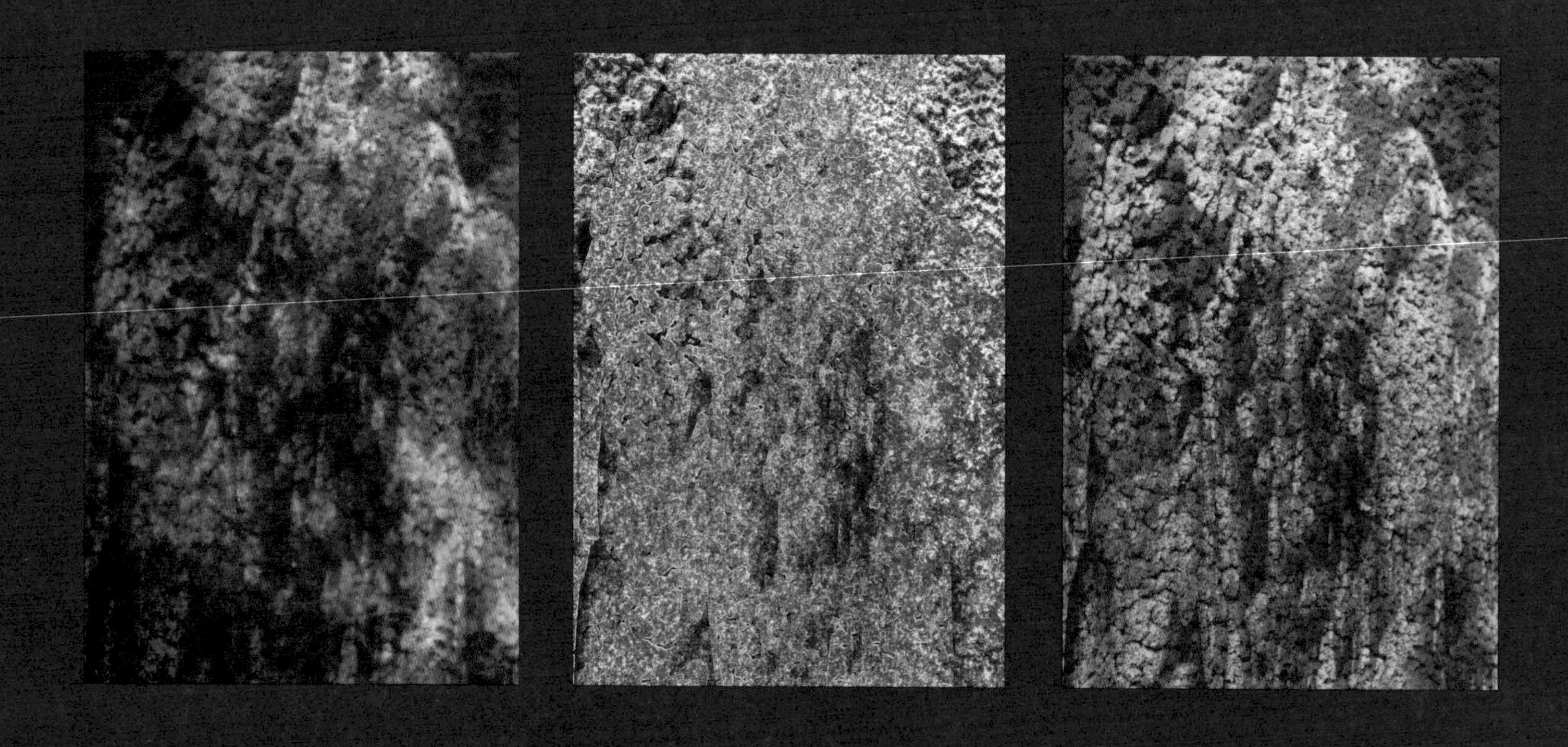

基因系列—綿密基因　左

70cm*100cm FEB,2001.

表層組織的細緻，源自原生單位的緊密連結。

科技功夫的抽絲剝繭，開拓由外而內由顯而隱的關鍵視野。表像的由來已非難解的物理，選擇與操控成為人類扮演造物角色的具體內容。未來的可能充斥著恐慌與期待，不是如果與可能的選項，是何時與如何的判斷，構築外貌在生科大纛下易如反掌，想像數位擬真的影像都是未來的預言。

基因系列—璀璨基因　中

70cm*100cm FEB,2001.

表層視效的繁華，來自原生單位的奇巧結合。

移植再造本就泛濫在後現代思惟之下，物種的基因互植更如家常的簡便。後來的變疫與原生的根本難脫關聯，避免原初的疵陋，預造無暇的新生，集多樣的華綵于一體的憧憬已然成行。秀萬蔓蒿交纏互生，跨類跨種繁複多貌可以想見。慎擇其純真美善，是大儒販夫同有的智慧，影像的預見更需慈悲。

基因系列—絨螢基因　右

70cm*100cm FEB,2001.

表層光澤的閃動，由於原生單位的特定編組。

物換星移曾經是時間過渡的寫照，如今瞬息千變的內容，已非時空計量足以陳述。兩個因子的碰撞，延伸出無盡後續的發展。精密加緊湊的排序形成兩極物語，暨有棉密如絮的外觀，又有靈神閃動的光罩。不可能是古老的辭彙，無不可能是一種現實的當然。預見想見可見是另一種三位一體。

都會系列—科技華廈

70cm*100cm JUN,2001.

舞動著人類智慧靈光的冰冷構造。

塑鋼拉長了縱線與橫線，一框框一格格築起另一種洞穴。量化的物體與量化製造者產生新的互動，嶄新的技術將生活推向更大的封閉。環境掌控的思惟也掌控了人類心智，是自然的造物化還是進化的窄化。靈長人類的殊異在乎閃現靈光的不同，是定位計算無法推演的邏輯。

都會系列—冰封華夏

70cm*100cm JUN,2001.

解體後產生的冰冷意像。

既有現有不覺稀有，流逝隕落才知難再，是善忘的健忘。在垂死天鵝的腳畔找尋那完整的羽毛，在江河的盡頭處找尋那甜美的甘泉，是屢見的常見。急時的緊湊獵捕莫若平時的日常經營，追述故事的始末不如擔任劇本的手筆。一絲絲一縷縷一樁樁一件件，經歷體悟家珍有數，了然存心無所罣礙。

都會系列—火炙華夏

70cm*100cm JUN,2001.

崩塌毀滅前的悶燒。

控制、封鎖、區隔、阻絕在空間也在心靈起了相同的作用。單向理想是一種童稚的夢囈，雙向交流才能成就眾生的福祇。熱情的熾燒是盲目，頑強的對峙是魯莽。形式證諸心境封閉造就缺口，朗朗頂尖豈有黑暗容身。尖端的定義是開闊，禁錮的區域產生自由的渴望。

都會系列—驚爆紅樓

70cm*100cm JUN,2001.

人類的建構毀於人類的破敗。

瓊樓玉宇在科技的國度不是神話，所有的意識可以絕對的兌現。塊疊磚壘築夢成真，宛若仙女魔棒點石成金。留下顯赫留存輝煌，文明史證良辰睿智都有謳歌。天體運行兩元輪替，光明過處黑暗即至，功成之終破敗之始，人心之造知天理爭宿命堪居靈長美名。

行腳系列—風華

70cm*100cm OCT,2000.

江南庭園與屋宇的萬種風情。

文明的謳歌，時空的經典，精華粹取在一個比例縮放。躡步輕移的身影，裙裳飄搖的丰姿，穿過廳堂經過廊桴。漫步在竹影荷香的奇石花樹。巨嶺的寸縮，林森的窄取，在珮玉的的輕響中傳出古典的旖旎。自然的再造流放藝匠的雅韻，聚散有致舒闊無限，每個彎處又是一眼新鮮，繞樑餘音耐人思酌。

行腳系列—神殿
70cm*100cm OCT,2000.

尼羅河中游神祇的故鄉。

遠觀深視近覽三一之見，中體西用見諸空明。豎一尊石造一尊像，眾生膜拜萬民信服，古有其時，今有其實，幾千年的歲月，執迷在許多過程裡依然。觀其所現思其所有，目迷心障放諸更高深的觀點，河岸左右不再是神鬼的分野，是方式的差異。沒有絕對的視角，只有相對應的省觀。心觀構成個體思維的神殿。

行腳系列—柱林
70cm*100cm OCT,2000.

文明記錄的多元視點。

生活的體悟盛載了肉眼的關照與心眼的比對。文明起落中，無數的痕跡殘存散落。經過拾穗去蕪存菁，找回原初的面貌與初民的艱辛，今人的福蔭累聚了無數前世的耕植。每一片具體的實證，都是血汗攪拌生命的產物。更多的視點見諸更多的生息，巨細靡遺的省視得諸全美極致的概貌。

行腳系列—凍港

70cm*100cm OCT.2000.

百年難見的冰凍港口形似極圈風光。

稍縱即逝的萬象恰如人生的機遇，沒有絕對沒有永恆，只有那片刻的記憶深扣人心。享受美好是一種喜悅，享用艱辛更是一種福報。過盡千帆才知瓢飲之甘，意會言傳不若自身體悟。分辨、了然、洞悉、判斷在片段的認知上有太多的出入。讓更多的經驗過往佐證那可以確定的隻字片語。

行腳系列—寒鷗

70cm*100cm OCT,2000.

冷眼看盡人世的滄桑。

飛鷹俯瞰棲鷗環顧各有所見，兼而可得洞悟全機。遠觀顧全，近覽靡遺，微調聚焦交互運用，肉眼交付心思，心思啓動肉眼。看皮相淺，悟禪機深。任浮木漂流至海，陵岩湍濤沖衝，沙石水紋細磨，渾然天成美材。挫敗衰厄逆境琢磨非溫室小雨暖陽產物能知，全修來自苦體多悟。

M

貳

九方觀照

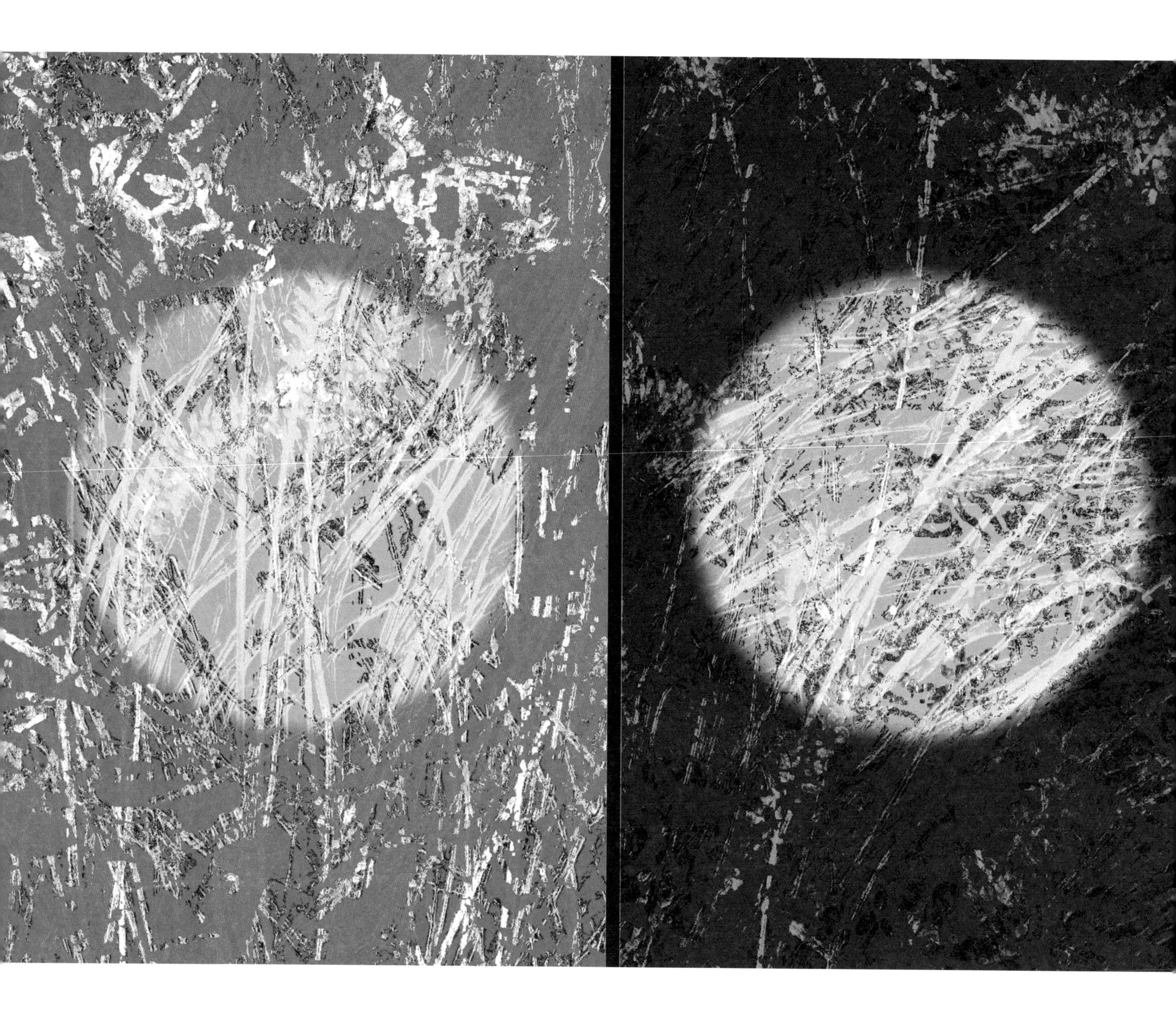

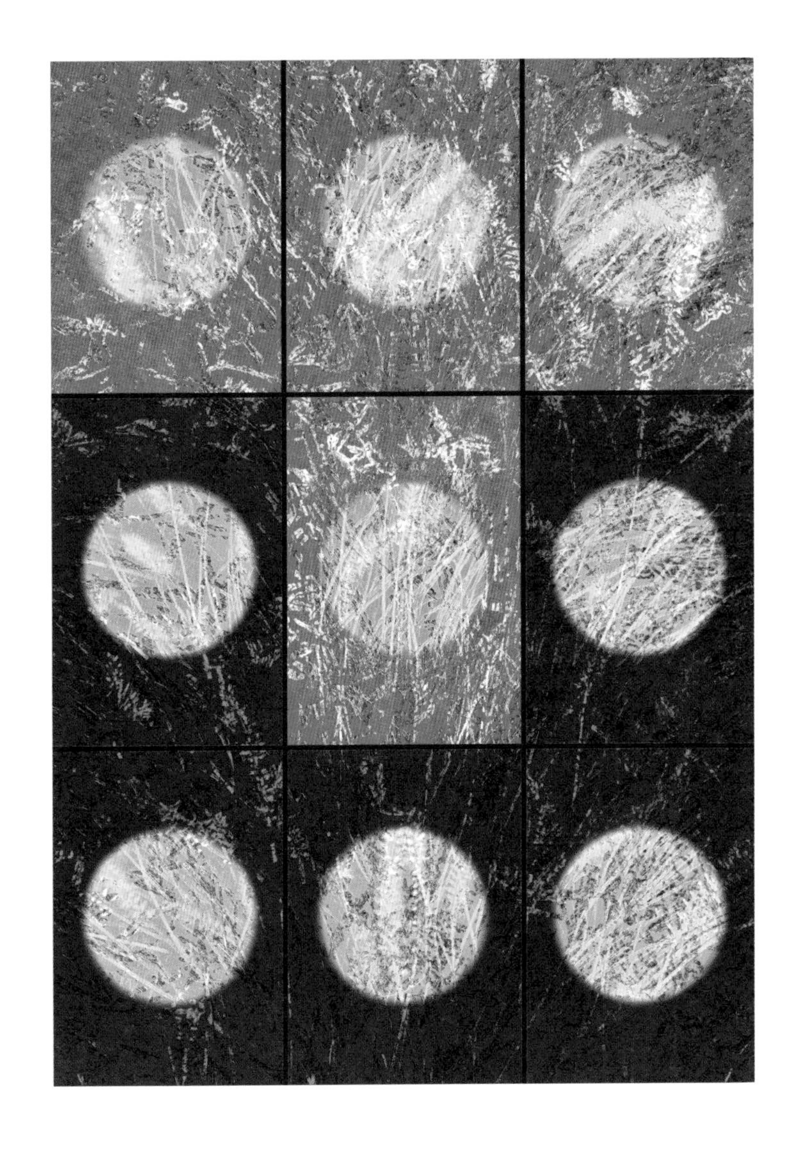

華夏系列—兩合

70cm*100cm JAN,2001.

陰陽兩合，萬物滋長，五穀豐收，安居樂業。

凹凸兩造猶如天公地母，兆乎天象應乎人間，自始為人類眾生膜拜禮祭。日行月移宇宙運轉，四季接序雨露霜雪，習其規律辨其幻變始可養生。農耕有時是古法，農產有增是今象，害時無法匱絕飢荒史書屢屢，利時有章豐裕累倉盛世太平。合掌如一善體陰陽權衡共生，識金土水火風霜雨露的溫馨猙獰，福澤綿長好音不絕。

華夏系列—祈福

70cm*100cm JAN,2001.

乎民重食，亙古不變，遠古之儀禮，今日之科技，莫不以此為基本需求之出發。

火把熊熊香煙裊裊，儀典大舉風調雨順。豐衣足食古民今眾莫此為依，民生厚實精神豐沛建構綺思逐夢文明。時空異位生科勃興，不缺無匱唯恐成分，今古之間實同質異，五體投禮相祁如一。無常震颱嘯雨害作殘生是天象難拘，有意生養殖孕破敗自然是人孽自取，求萬載之幸，唯慎思明辨智慧伴行慈悲。

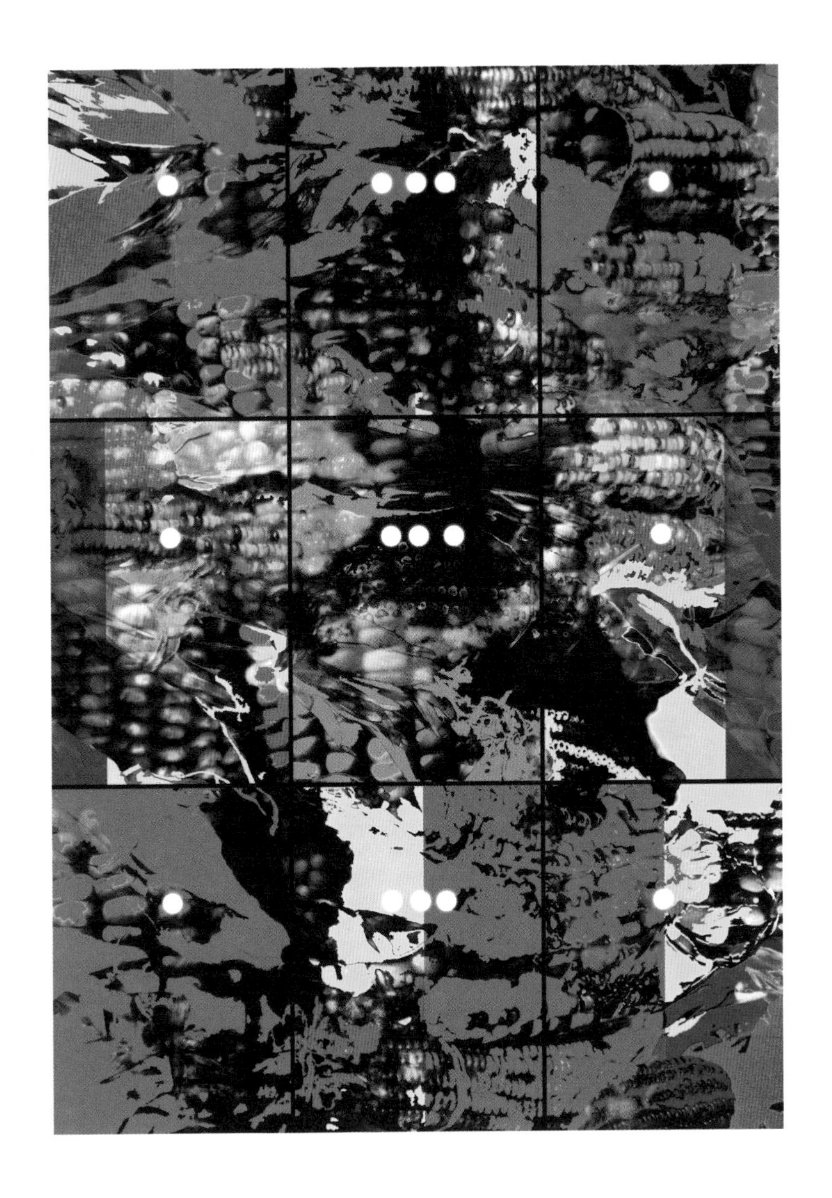

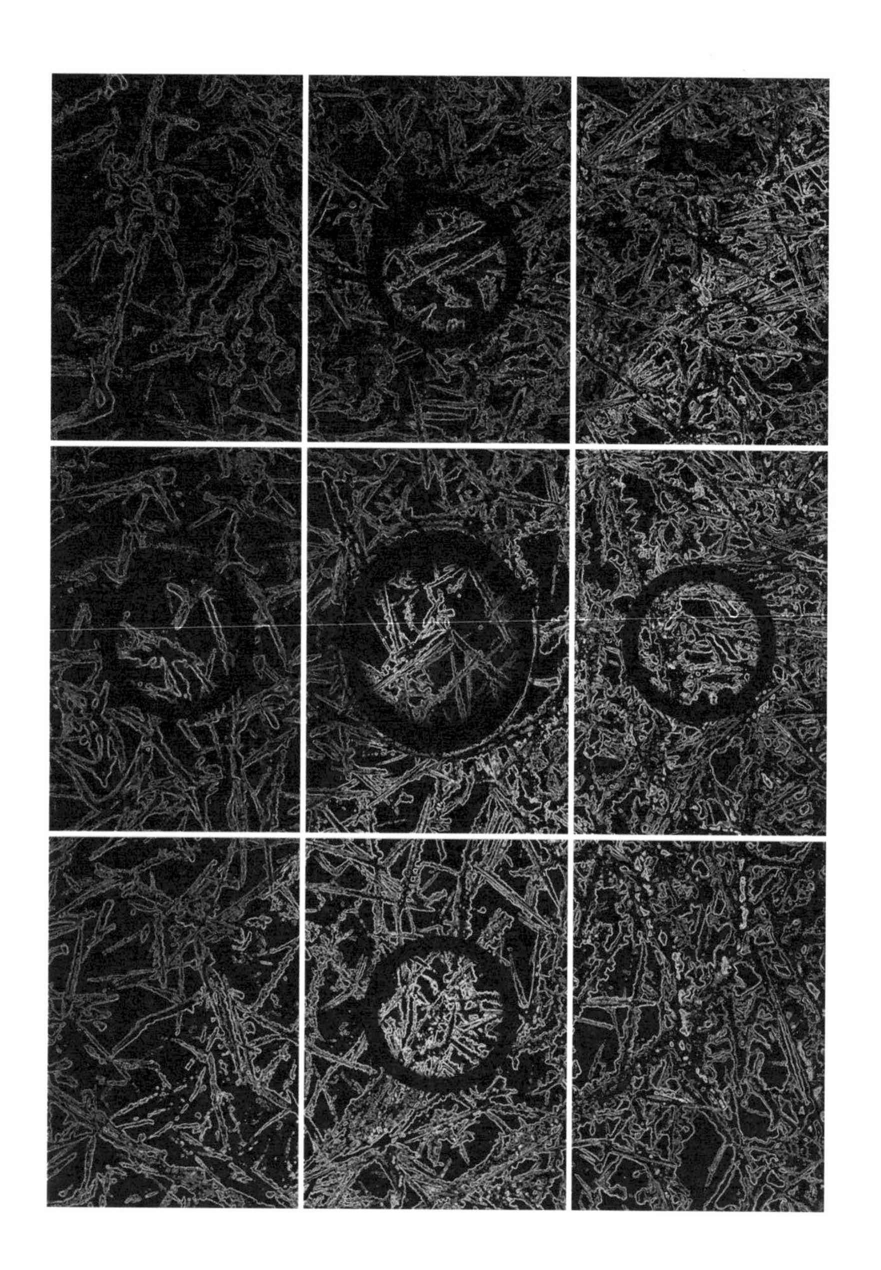

華夏系列─陰陽

70cm*100cm JAN,2001.

兩元的世界，有兩方的對應與比較，有互補與共生，成就了一雙相對應的因素。

天地乾坤水火神鬼，天象、演化、元素、臆度所源各異。有向背，有晴缺，有隱顯，相對兩元消長有別，穿越時空數千年。兩向兩極兩方兩造的共鳴更為多見，在無數文明中留下痕跡。爭戰、交媾、相依、互鬥無所不在的拉鋸，興衰悲喜容辱得失的起伏，在方寸之中，無非互動板塊的起落消長。左右雌雄的相安在均勢力勻的和諧中滋生。

華夏系列—三事

70cm*100cm JAN,2001.

紅事、白事、黑事構築了生活中大數的情節，主宰了人世間的喜怒哀樂。

鼓聲點點鑼聲片片，披帛加繡五彩上金，户牖門楣穿上了大紅。紅燈、紅球、紅點、紅桌、紅巾、紅綵，紅就這樣大量流洩過文明，在文化裡遍灑了象徵。物景瞬間換粧雪白，一切徹底改樣，人聲不再喧嘩，面龐失去歡顏。物像再次改樣，烏墨塗裝一切，凋零退卻繁華，留下蕭瑟無端。三色三徵縱橫穿梭了生活的平淡，豐富了生活的節奏。

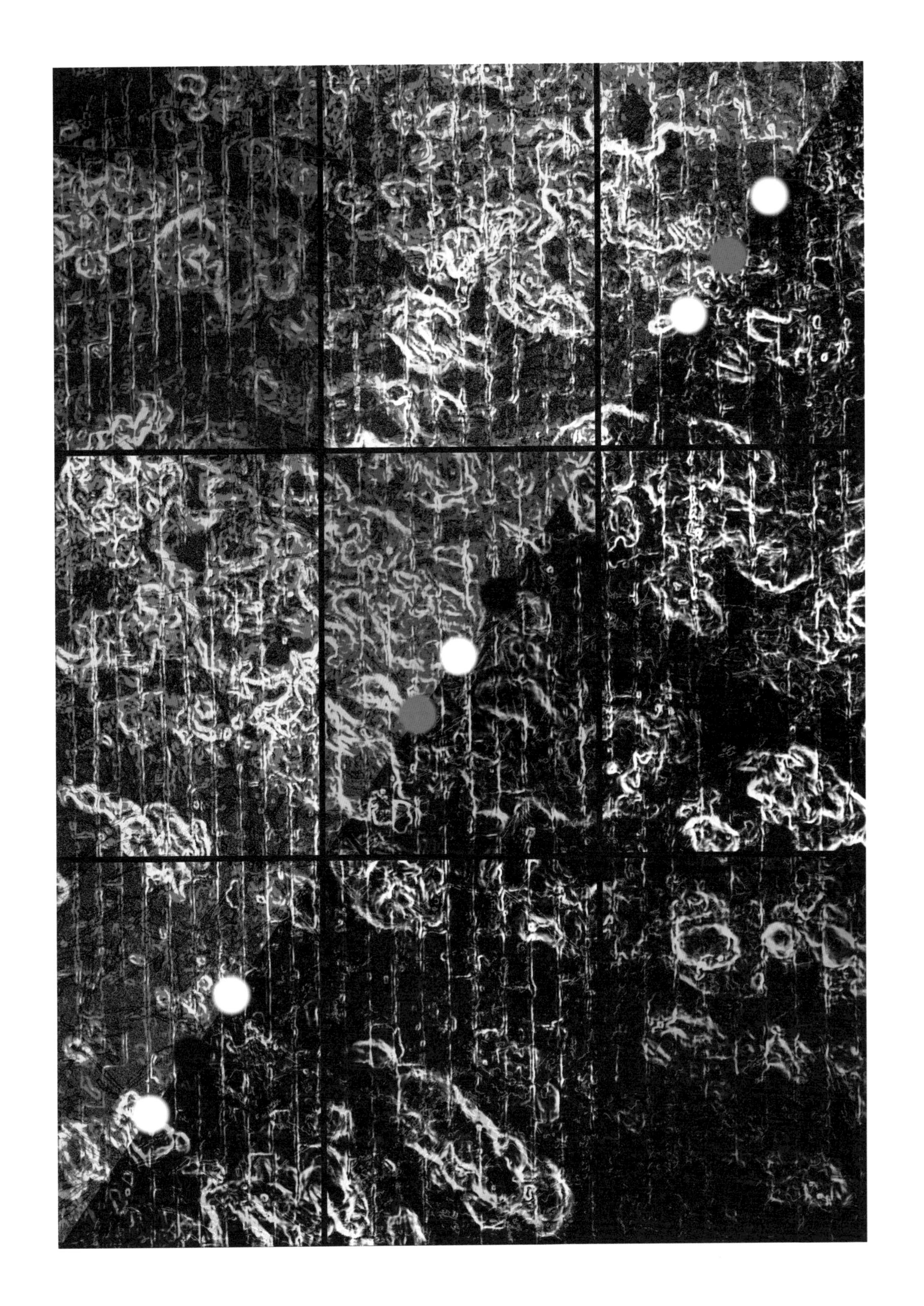

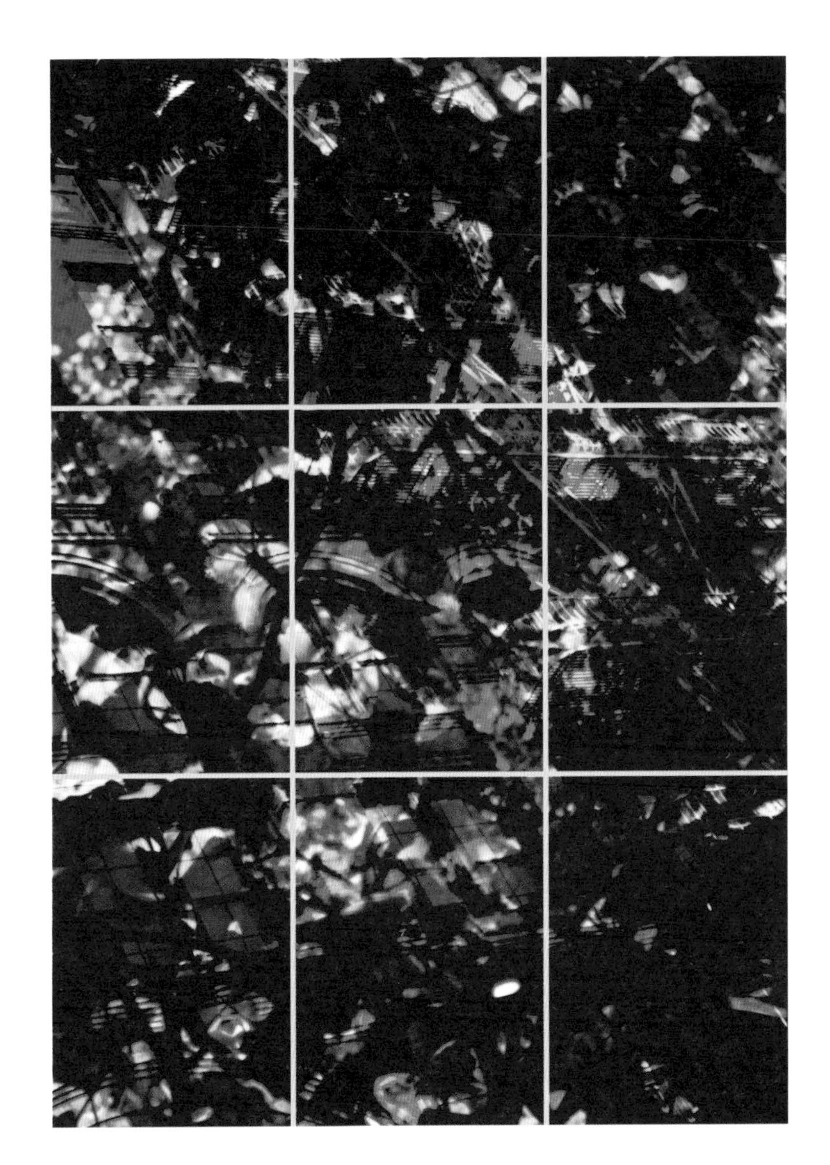

窗格系列—窗外

70cm*100cm JAN,2001.

九方的極簡即是通過窗格的外顯，夏日午後與午夜的複合在外界閃現。

炙熱的暑氣火紅的日照透過樹蔭直逼窗臺，蟬鳴蛙叫鴿棲雀舞，竹葉梢頭總有和風的顫抖，納涼陰處牲口放肆的伸張四肢。偶見高溫下的海市蜃樓，幻化在對流驟雨下的濛濛蒸氣。日頭西向大地多了生氣，晒月亮的族群多面遊動，披掛著青紫銀光，真實與捏造的角色，大量流入鄉野的口耳。

窗格系列—面相

70cm*100cm JAN,2001.

萬事萬物的彰顯、隱逸、變化、轉現，掌握在深刻的洞察之中。

經過凸透凹透遮色濾色加倍凝聚的觀察，物像由初始的皮相蛻化出無所遁形的質相。極度的細觀與極度的遠眺掙脫了肉眼的常見，收尋而來的豐富開拓了心眼。近處倥侗遠方模糊真實在深沉的洞見。找到原型幻變，巧色難掩其實，縱切橫剖解析所有的可見，再多的虛相也無濟於真實的裸裎。

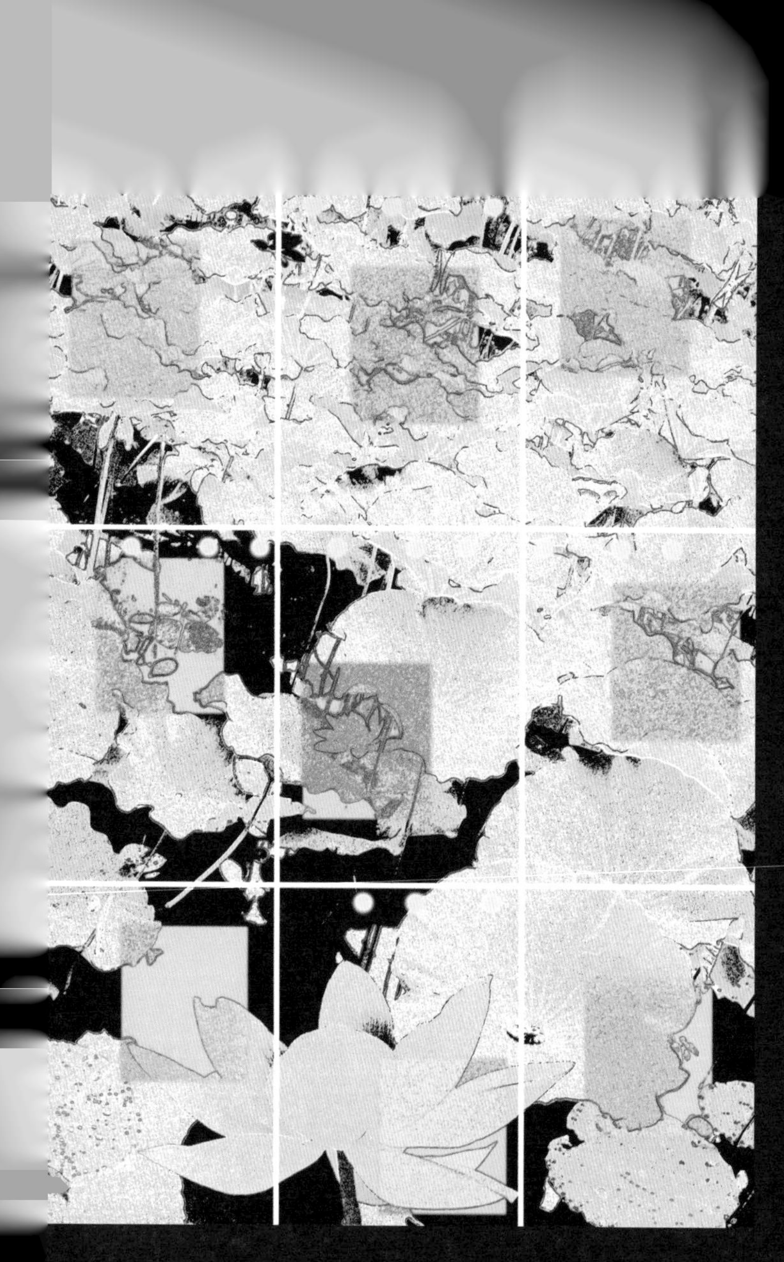

窗格系列—飄香

70cm*100cm JAN,2001.

清淨淡雅的飄送，帶來夏日炙烈中的幽芳。

野鴨戲水家鵝弄潮在頂頂翠綠的華蓋邊，魚兒悠然穿梭在僅有的日照水域。大圓撐起了高傘小圓浮據了水面，滿眼的翠色踩著暖風的節奏搖曳生姿。蛙跳蟲鳴憑添了交響，慵懶的季節裡總還有充滿活力的舞作。粉嫩的秀色夾雜在蒼綠之間，無視於日出月落天光變化，四向播散著誘人的體香。

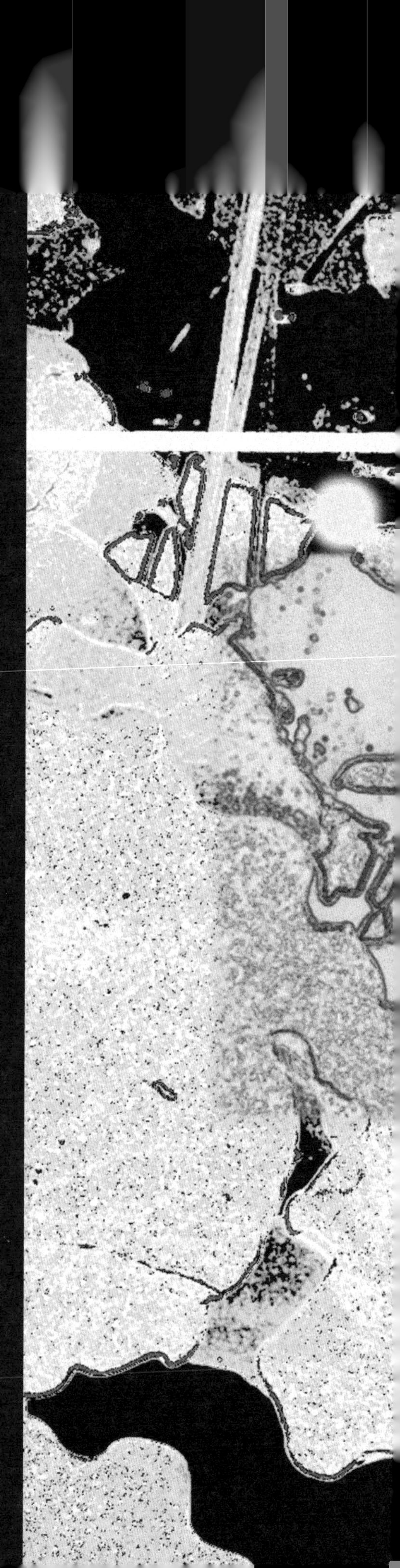

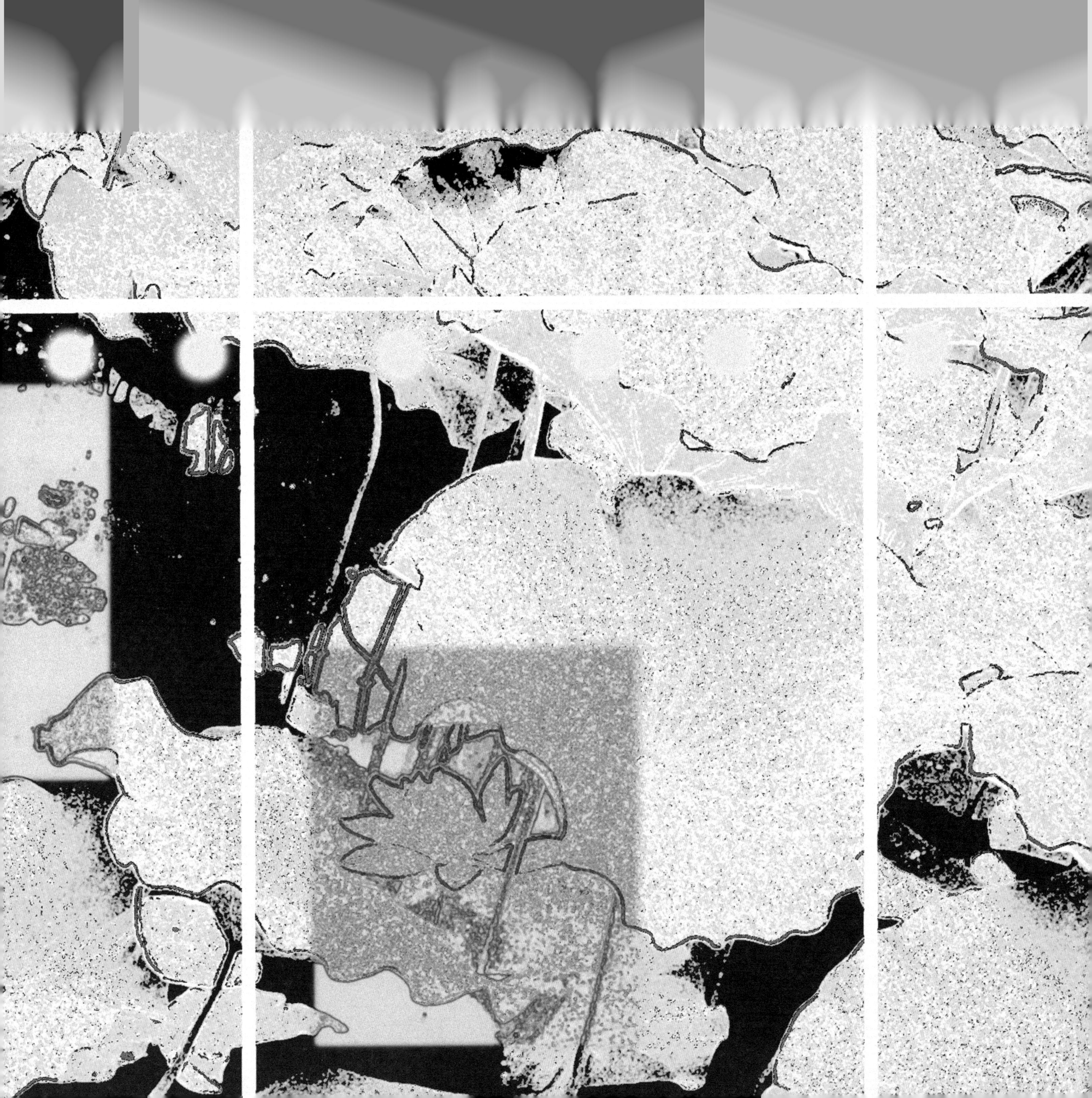

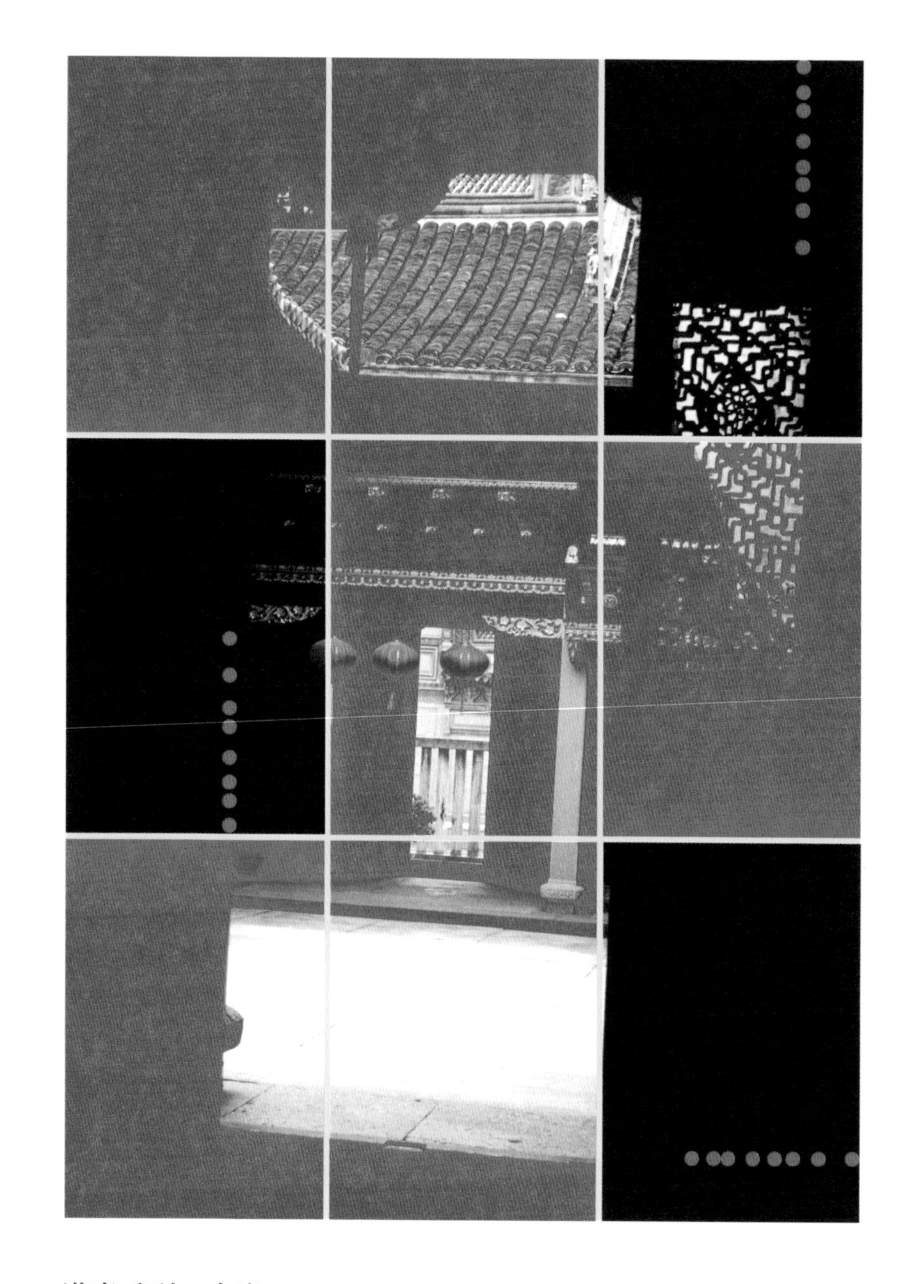

漢唐系列—吉慶

70cm*100cm JUL,2001.

張燈結綵鞭炮喧譁，婚宴、喜壽、添丁、啓厝，諸事大吉。

古老文明有其獨特的慶典，探索漸立到習以為常，總是耗費漫長歲月，變遷散失卻在轉瞬。生活中習得的文化是一種活體，需要持續孕養，形式的延用其易，寓意的體用是趣。累積傳承傳承累積增添一抹時代的訊息，活體文化綿綿長長亙古彌新，喧囂鼎沸繽紛歡愉在大塊朱紅的季節裡，記憶最深刻延續最鮮明。

漢唐系列—唐風

70cm*100cm JUL,2001.

多彩的時代，幻變的形式，無垠的疆域，壯闊的氣勢，自由奔放跨越歷史與地域的風華。

天可汗的世界如大海納百川的氣度，金髮立朝胡華交鳴，構造大同盛世的實況。鑒古知今古為今用非氣短之舉實智慧之學，曾經光華曾經璀璨在那樣的國度，如何凋零毀蜕至失盡顏色短缺歡歌，都是人的造業。從過往雲煙裡捕捉那片鱗鴻爪，拋棄據地為王劃地自限的狹思，走向全球無垠的康莊，自由在垂手可得之處。

漢唐系列—四方迴想

70cm*100cm JUL.2001.

由方位出發的觀想。

青龍白虎朱雀玄武，是方位是季節是色彩是圖騰，是複合生命育成、營生體悟、觀想遐思的產物。日升月落冬來秋往物換星移總在天體運行的不變，潮起潮落嘯風炙旱又是無常。時空更迭文明過渡天因人業，跡可尋道可知弊可免法可學，狂狷修持居良向善在天地四方找到定格，舞出個體地特質豐采。

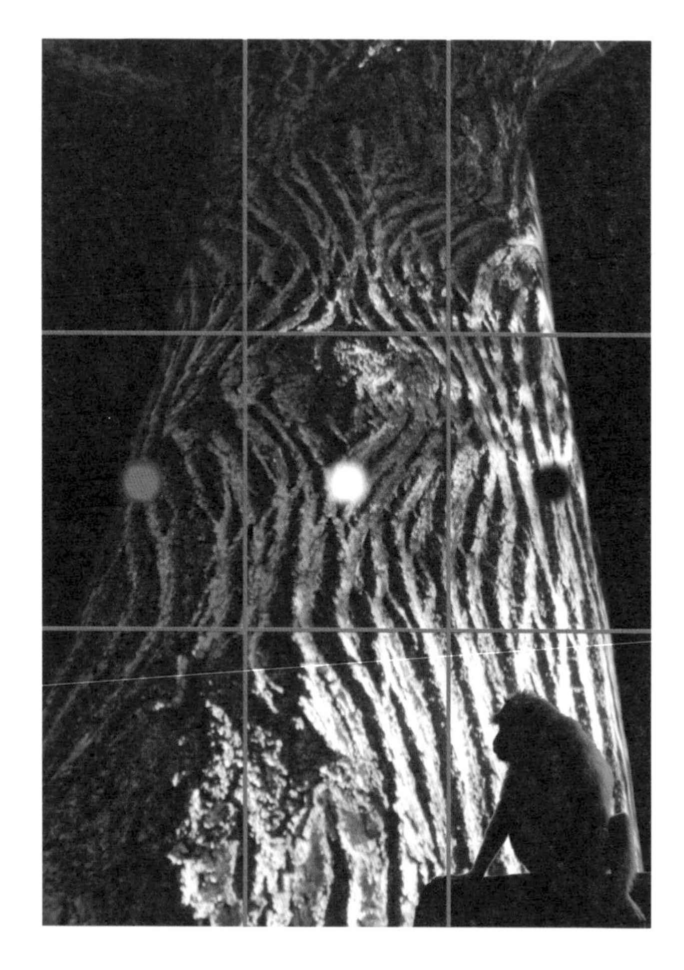

靈長系列—崎嶇來時路

70cm*100cm JUL.2001.

靈長類的發展有悠遠漫長的前途，這是一個新的轉捩，新生、再起、滅絕在選擇與判斷之間。

物種的發展有千百倍於人類文明的時間，靈長是一種後起聰慧的演化。執其牛耳的又是一種生化奇絕的蛻變，有其必然有其偶發，形成當下的自然。是靈長的翹楚有慧根的高標，才具再創必然再造偶發的功德，為求新途不悖審視過往，並行相容理路合一福祇天成，造物的神機在更嚴密的思惟下解除災難。

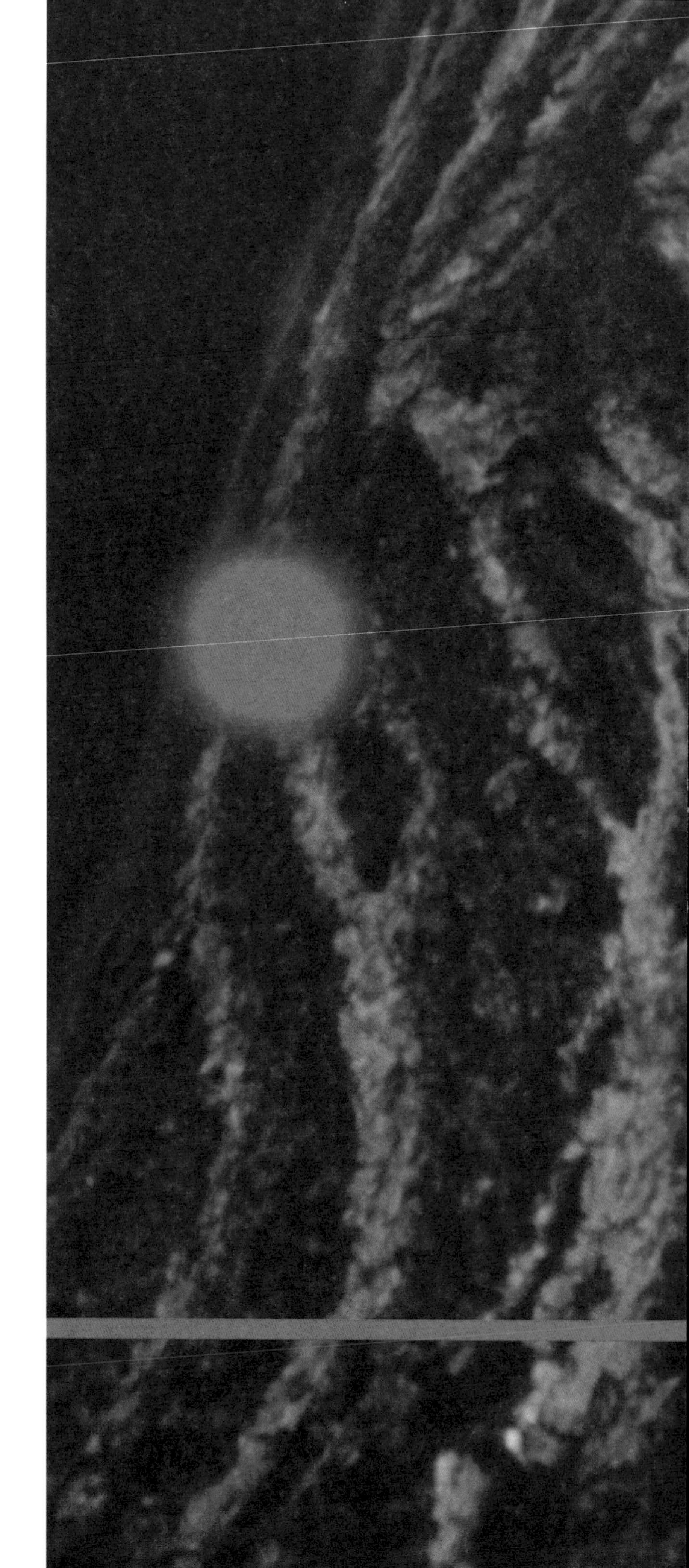

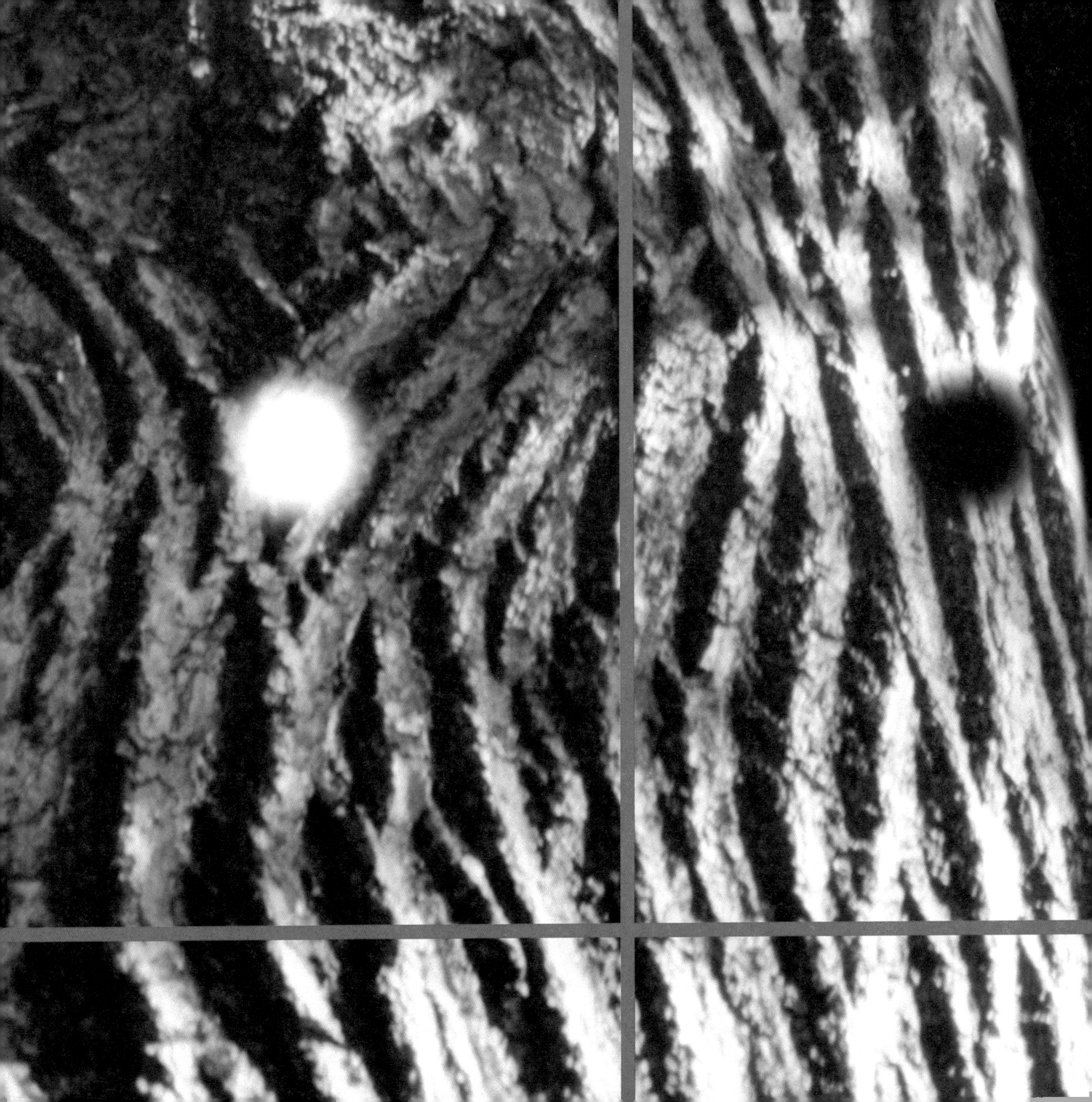

靈長系列—文明壓力

70cm*100cm JUL,2001.

靈長類的經驗累積是一種福份也是一種沉苛，坐享福蔭亦思綿延福德。

物種族群血緣聚落，首創是辛接承是福。初源唯一後續多頭，匯流成河聚江入海凝集西潮東波文明日益滋長，生活豐富形式多元府庫寬裕新知瀚海，盛載越豐負荷越重，無貪無炫去蕪存菁合乎己用善體時空，化繁為簡去紊理絮，聚斂與釋放的斟酌與拿捏，在判斷的體行中見諸自在的智慧。

靈長系列—思惟結構

70cm*100cm JUL,2001.

縱橫骨幹的支撐與跳躍靈巧的浮遊成就了開創的靈魂。

如飛梭穿越的思緒，在格子與位置中找尋安頓，拉起經緯結上彩絲任雀爪躑躅其間。蛛網蜂巢棋盤累磚疊構出各別的必須，收拾不確的心思波瀲，整理歸納出瑣屑的脈絡，連結那山巔的高點谷底的低限，水平垂直縱深同時索扣標明，讓無垠的先覺流浪奔馳其中，如絮的天羅綿密的不透疏漏。

靈長系列—觀想
70cm*100cm JUL,2001.

自在源自深刻的內省與外觀。

鳥有飛時魚有潛瞬，坐山不動飄雲不定，萬物運行有其常有其無常。外見消長有無內覺動靜變換，明察那內在的波動與外物的運行，在定時定點間的間距位移，探測那適度的對應位置，牽動那頂上體中足下、過去當下未來與三百六十度的環周，做細罟式的思量，得到己體的位格，與觸動外物的法門。

樂音系列—爵士

70cm*100cm AUG,2001.

慵懶疏散的符號釋放出靈魂的馳騁。

舒坦陰鬱交織出緩調吟詠，酒而不喧微醺迷離，裊煙氛軒婆娑姿姿。總是那麼藍靛的如夜空閃爍的星斗，無盡的盈盈委婉悠悠滄滄，小步輕疊涓涓如縷漫步長滑間迭顛躍，迴迴盪盪牽動心神，頓一瞬拉洩滿弧長虹，旋而反扣又是迂緩綿綿。點劃之間顫動出絢爛的音子飛揚，排步擁仆搖曳出錦繡時光。

樂音系列—拉丁

70cm*100cm AUG,2001.

激越濃郁的跳動在血液中澎湃而起。

急促的蹬、踺、旋、躍在轉瞬間反復躚躚，強勁的性情狂野的外爍無視于禮俗的牽絆，血似狂流汗如驟雨夾帶無限柔情，在綠草如茵上洒下紅羽，在黃沙滾滾處崩飆黑油。長哮短吁交纏節點，泉湧渦漩進退無蹤，四方來的砰撞重擊出灼人花火，珠豆奔跌在銀盆滿盈坍落，短急的三連符再次重複狂舞，終結在突兀湍急的尾音。

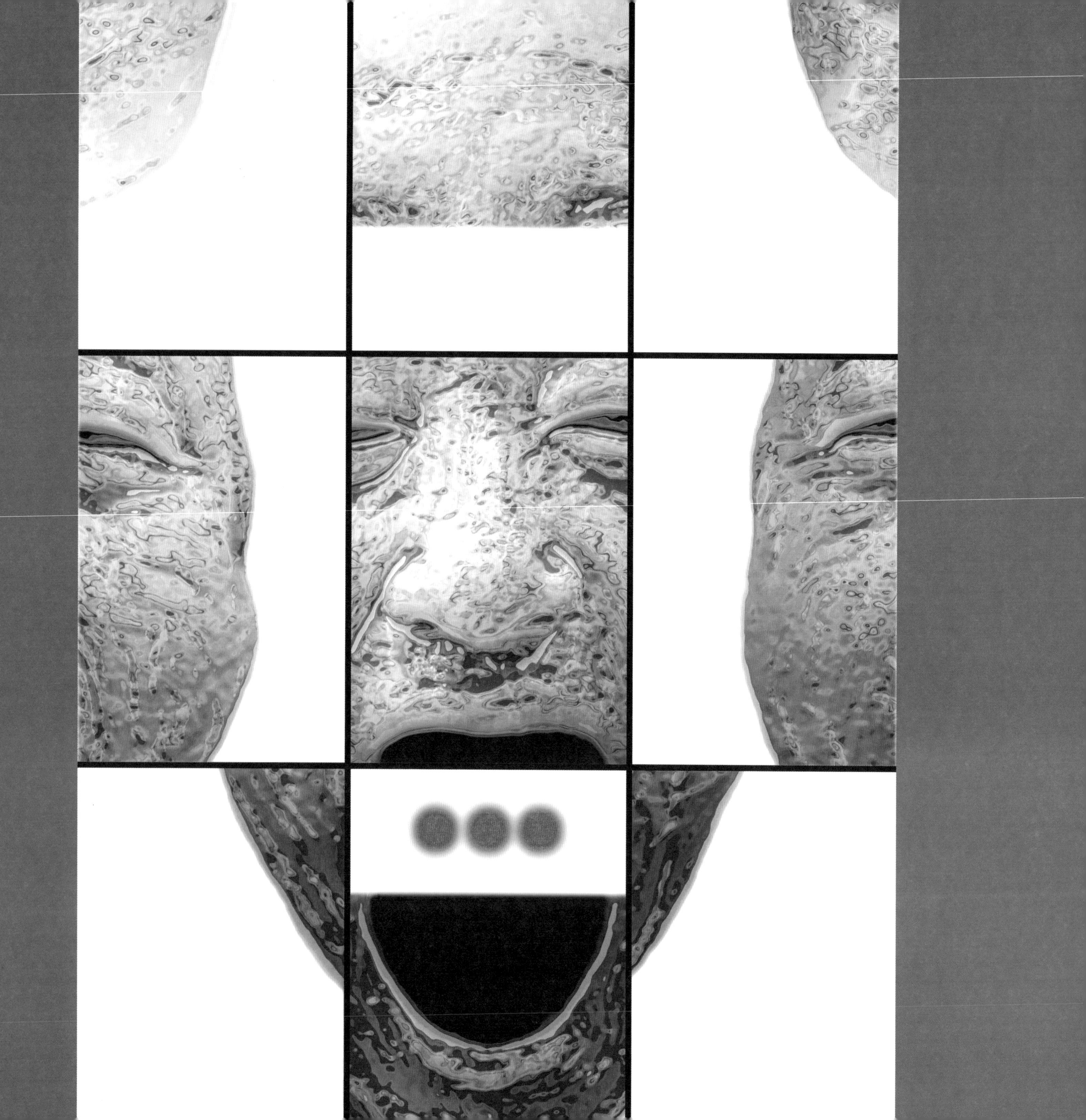

人性系列—壓抑

70cm*100cm AUG.2001.

外爍與內聚的掙扎在文明的過渡中困惑著多數的心靈。

進化的過程中，太多的約定俗成前仆後繼而來，物種的天性在演化中一再扮演著被遺忘的角色。世間不斷上映著大群包圍小群，強權包圍弱勢的重複。孤掌永遠像逗笑的丑角，在幕落的遠方吟唱矛盾衷曲。時刻到來，如排山倒海的崩坍，從人性最脆弱的部份傾巢而出撼動人心。

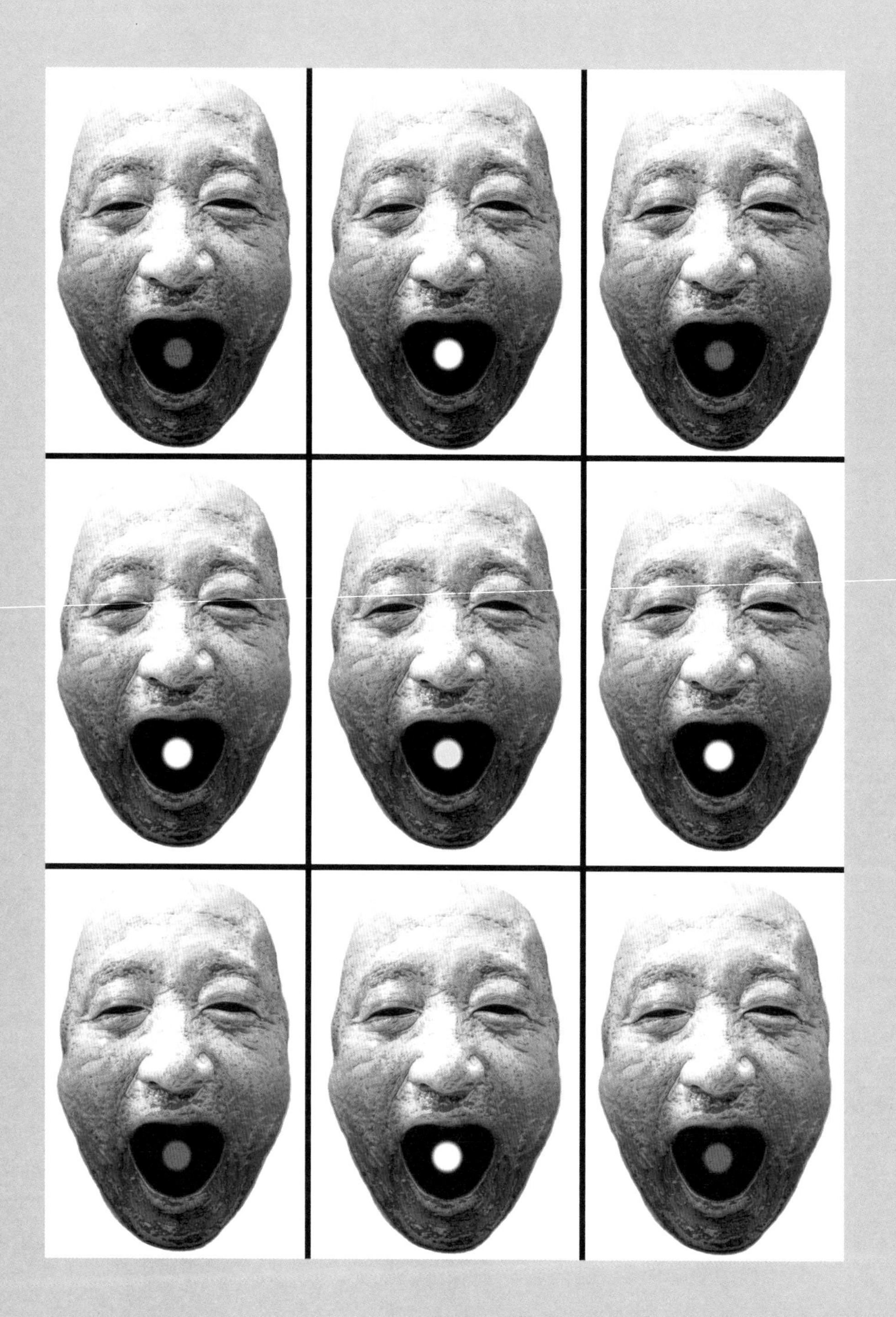

人性系列—道

70cm*100cm AUG,2001.

面具下相同的事理吹出了不同的調，智慧在教會、社會、學會中撥弄著知識。

腦中思、心中事、手中活與口中言，延續的因由清晰的脈絡獨特的構造，在產生與傳遞過渡中，讀出那千頭萬緒經緯縱橫。特定的角色對應特定的對象，裝戴面具吹響號角鼓起簧舌升舉儀式，與條理立典章，出於人思入於人心，迴、盪、釋、詮、濾、選、豫、定，是一種流傳的抽象。

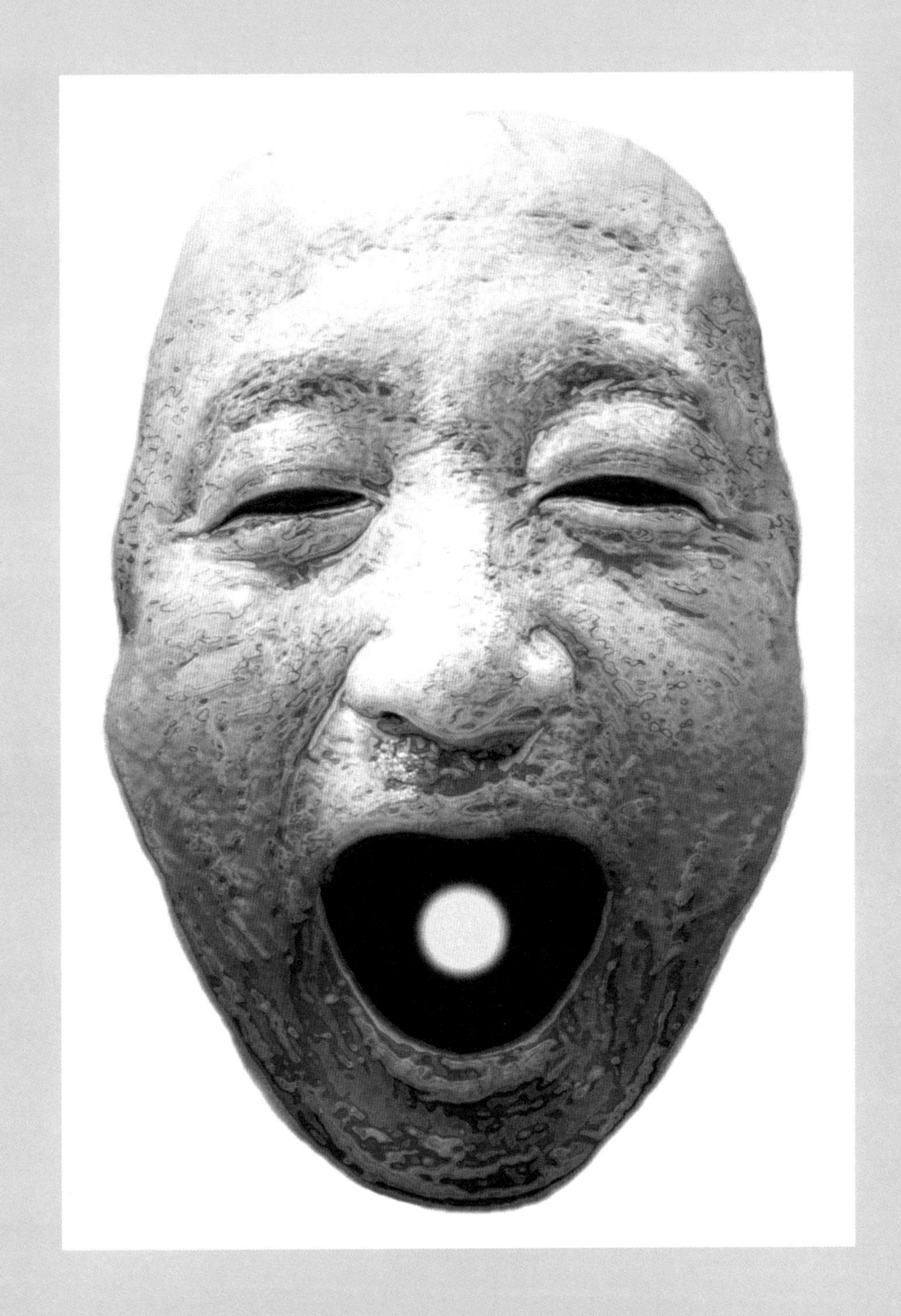

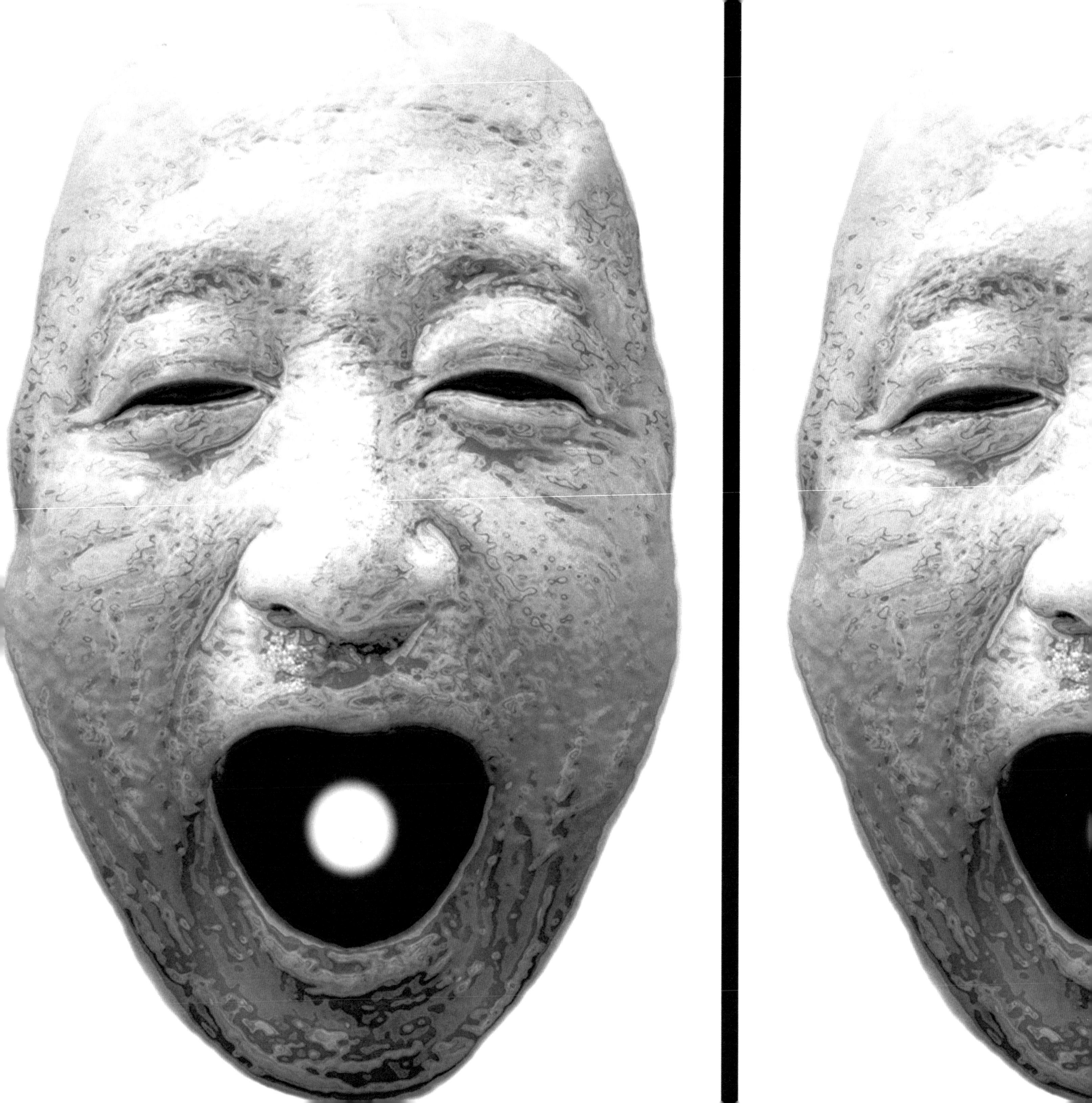

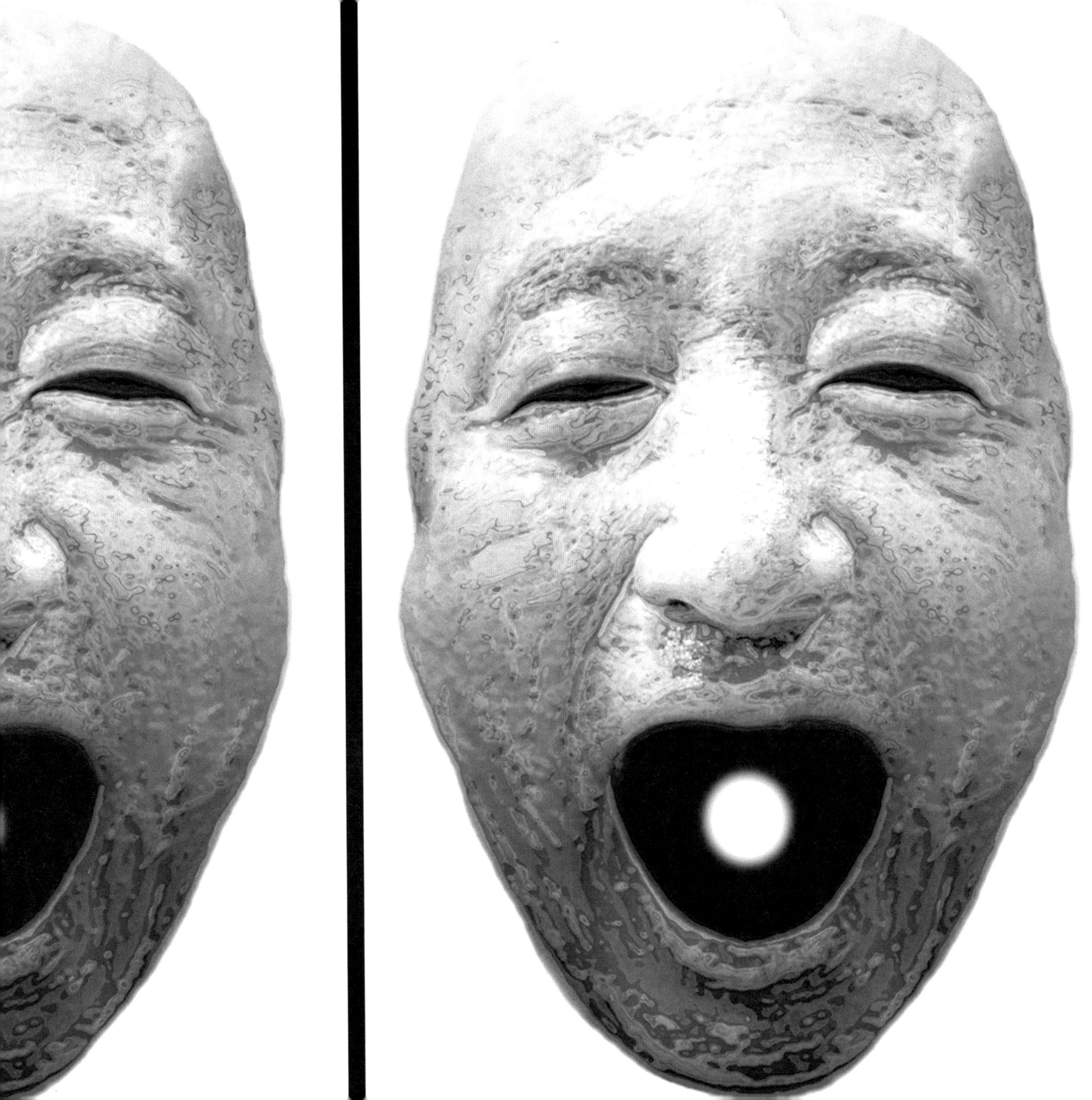

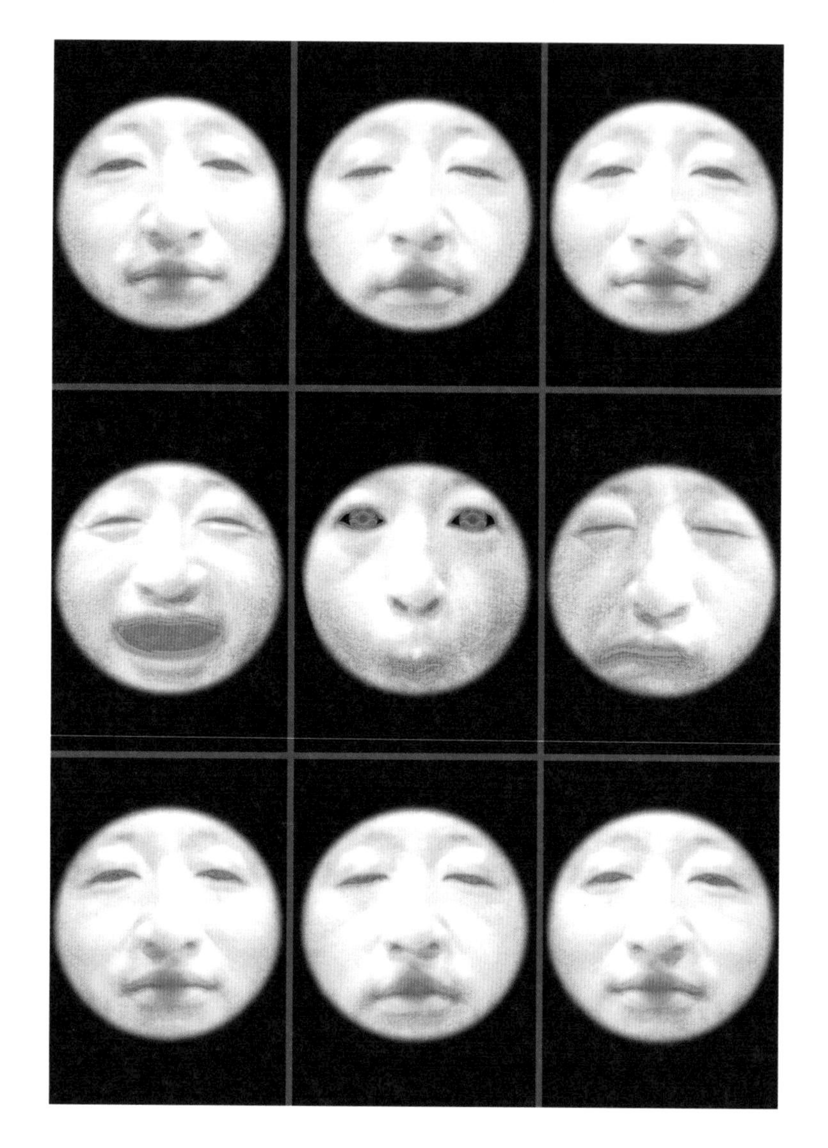

人性系列—異言

70cm*100cm AUG,2001.

不同的事理在不同的時空中出現，真邪的本質讓後續的發展決定。

是邪思？是異想？是開創或前瞻？世事在始發未定之初總有太多臆測，是對既有的不安是對將至的惶然，是對未知的至上恐懼轉化的巨障。無關真理無關俗成無關賢愚無關耄耋，關乎洞見關乎真章本質，觀其聳觀其糜，察其精要核心耿介概括，時空更迭細思體省再作定奪，紛擾自溺眾怨煩憂成了歷史記錄下的荒謬。

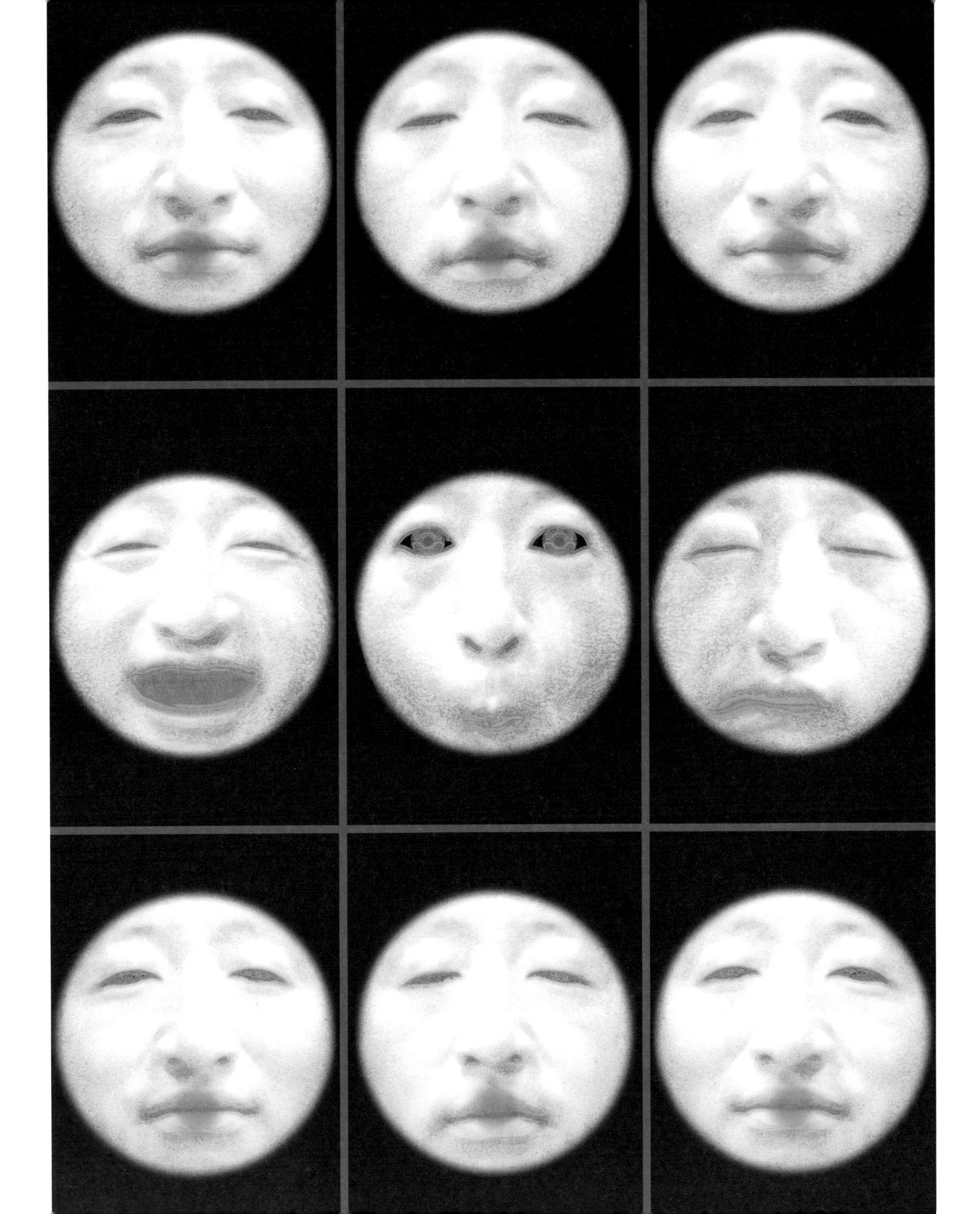

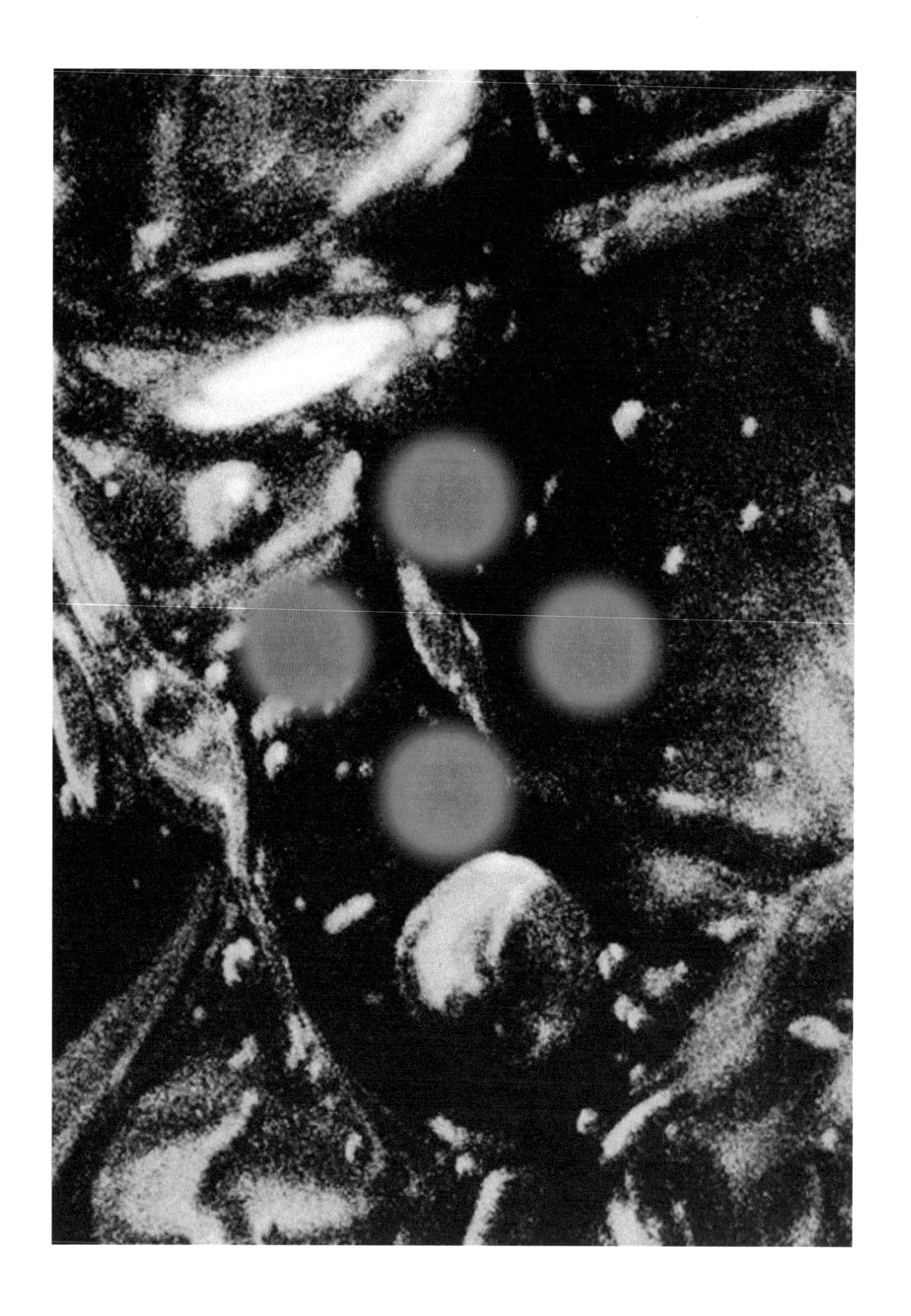

人性系列—慾國

70cm*100cm AUG,2001.

不同的努力追逐，來自個體內部的欲求。

本能不涉罪衍，無限擴張侵掠因子的發酵，釀成哀鴻遍野逆名昭彰的成功。浩劫佈人倫喪，據一人之得縱萬人之哭，史所常見。逆道而行，節制的本能推陳，施以博學兼愛的延伸，小者個體有幸，大者眾生披福。淵源根本無非用力在乎居心，了卻本能凡心是其一，推展善根盡舞本性是其一，居善念善復行善始得圓通大域。

Digital Images In Illustration of
Simile & Metaphor.

國家圖書館出版品預行編目資料

影偈：數位影像設計作品集=Digital Images in
Illustration of Simile & Metaphor／顧理著.
初版. -- 臺北市：揚智文化，
2002[民91]
面； 公分.
ISBN 957-818-444-1（平裝）
1.影像處理（電腦）－作品集

312.9837 91016964

作　　者／顧理
美術指導／顧理
封面、美編／張俊富
出 版 者／揚智文化事業股份有限公司
發 行 人／葉忠賢
總 編 輯／林新倫
副總編輯／賴筱彌
登 記 證／局版北市業字第1117號
地　　址／台北市新生南路三段88號5樓之6
電　　話／（02）23660309
傳　　真／（02）23660310
郵撥帳號／14534976
戶　　名／揚智文化事業股份有限公司
法律顧問／北辰著作權事務所 蕭雄淋律師
印　　刷／鼎易印刷事業股份有限公司
初版一刷／2002年11月
I S B N／957-818-444-1
定　　價／新台幣600元
網　　址／http://www.ycrc.com.tw
E-mail／book3@ycrc.com.tw